그 카페에 가다

그 카페에 가다

초판 1쇄 인쇄 | 2012년 8월 29일
초판 1쇄 발행 | 2012년 9월 5일

지은이 | 안혜연
발행인 | 이상만
발행처 | 마로니에북스
편집팀장 | 김우진
책임편집 | 이선주
디자인 | 김은주
마케팅 | 임철우·남무현·안상현·김수환

주 소 | (413-756) 경기도 파주시 교하읍 문발리 파주출판도시 521-2
전 화 | 02-741-9191(대) 02-744-9191(편집부)
팩 스 | 031-955-4921
등 록 | 2003년 4월 14일 제 2003-71호
ISBN | 978-89-6053-269-4

도서문의 및 A/S 지원
마로니에북스 홈페이지 | http://www.maroniebooks.com

차와 사람 그리고
이야기가 있는 공간

그 카페에 가다

안혜연
지음

마로니에북스

우리나라 최초의 커피광은 조선 제26대 왕 고종으로 알려졌다. 그는 러시아 공사관에서 지낼 때, 러시아 공사 베베르의 처형이었던 독일인 손탁의 권유로 커피를 처음 입에 댔다. 이후 궁으로 돌아온 고종은 덕수궁에 서양식 건물 정관헌을 짓고, 그곳에서 커피를 마시며 음악을 들었다. 덕수궁에 가면 정관헌의 모습이 남아있어 그때를 어렴풋이나마 상상해볼 수 있다. 당시 고종이 마시던 그것은 '커피'라는 이름 대신, 가배차 혹은 가비차로 불렸다. 커피의 영어 발음을 따서 붙여진 것이다.

19세기 말, 커피를 접했던 서민들은 커피를 '양탕국'이라고 했다. 빛깔은 꼭 한약처럼 시커멓고 맛을 보면 씁쓸해서 한약 탕국과 다를 바 없이 느껴졌던 그것을, 서양에서 마시는 탕국이라는 의미로 그렇게 불렸다.

·

우리나라 최초의 커피숍은 손탁호텔 안에 있었다. 1902년, 황실의 후원을 받은 손탁이 덕수궁 뒤편의 서양식 호텔에서 커피를 팔았다. 하지만 문턱이 하도 높아서 상류층, 지도층 등 특정 계층의 사람들만 드나드는 특별한 공간이었다.

1920년대, 명동과 종로 일대에 속속 들어선 다방은 근대 서양 문물의 상징이었다. 유학에서 돌아온 사람들과 새 풍속에 민첩하게 반응했던 '모던 걸', '모던 보이'들이 새로운 감성을 탐닉하기 위해 불나방처럼 다방에 모여들었다.

그 옛날 다방에도 문화는 있었다. 소설가나 시인 등 문인을 중심으로 한 예술가들이 둥지를 틀어 교류하고 소통했다. 얼마나 자주, 오랫동안 드나들었으면 굳이 약속하지 않아도 다방에 궁둥이를 붙이고 앉아 있으면 낯익은 얼굴을 마주치는 일이 흔했다고 한다.

영화감독 이경손이 운영했던 〈카카듀〉는 한국인이 경영한 최초의 다방이다. 그곳은 외국물을 잔뜩 퍼마신 유학파의 아지트 노릇을 했다. 소설가 이상은 1933년에 집을 팔아 '제비'라는 다방을 차렸다. 유리창 너머로 지나가는 신여성의 늘씬한 각선미를 감상하는 즐거움도 함께 팔았다. 그 시절부터 이미, 카페는 곧 문화였다. 다방은 사람과 사람이 오손도손 이야기를 나누는 사랑방이었고, 사교의 장이 되었다.

·

한국전쟁을 계기로 미군 부대에서 흘러나온 커피가 널리 퍼지면서, 다방은 만남의 장소로 굳어졌다. 한때 커피가 외화를 축내는 몹쓸 것으로 몰려, 다방에 커피 판매 금지령이 내려지는 웃지 못할 사건이 빚어지기도 했었다. 우여곡절 끝에 커피가 본격적으로 대중화된 것은, 1970년대 이후의 일이다. 동서식품에서 인스턴트 커피를 내놓았고, 여전히 즐겨 찾는 이 많은 일회용 커피 믹스가 나왔다. 커피, 설탕, 프림을 두 숟가락씩 공평하게 넣고 휘휘 저은 다디단 일명 '다방 커피'가 인기를 누리면서 너도나도 커피를 즐기게 되었다.

1997년, 3만여 개에 달했던 다방은 IMF를 맞으면서 와르르 무너졌다. 순식간에 줄어든 다방의 빈자리는 1999년, 스타벅스 1호점이 이화여대 앞에 들어선 것을 계기로 카페가 꿰차기 시작했다. 사람들은 다방 커피 대신, 신선한 원두로 만든 아메리카노에 길들여졌다. 당시 스타벅스는 '된장녀'의 상징이었다. 밥값에 맞먹는 커피를 즐기는 여자를 비뚤어진 시각으로 보는 이들이 적지 않았다. 그럼에도 스타벅스는 성공을 거뒀다. 스타벅스가 사람들의 마음을 사로잡았던 비결은 커피 한잔에 담긴 감성과 문화 때문이었다. 그녀들은 커피 한잔에 열광했다기보다, 커피를 마시며 마음껏 이야기를 나눌 수 있는 문화적인 공간의 가치를 높이 산 것이다.

·

그렇다면 2012년, 지금은 어떨까? 카페의 진화는 현재진행형이다. 카페에서 커피를 마시고 사람을 만나는 것은 기본 중의 기본. 끼니를 해결하고, 무언가를 배우기도 하며, 전시를 보기도 하고, 물건까지 장만할 수 있다. 이제 카페에서는 원하는 거의 모든 것을 할 수 있다.

타박타박 거리를 걷다가 주위를 둘러보면, 카페 하나 없는 곳을 찾기 어려울 정도로 카페가 많아졌다. 한 집 걸러 한 집이 카페일 만큼, 카페 창업이 젊은이들의 로망일 만큼, 정년퇴직 후 치킨집 대신 0순위로 카페 창업을 고려해볼 만큼 카페가 우후죽순 생겼다.

사람들은 커피의 원가가 몇백 원이 채 안 되는 줄 뻔히 알면서도, 무려 10배가 넘는 금액을 흔쾌히 내면서 카페로 향한다. 그것은 비단 커피 한잔을 뱃속에 밀어 넣고 싶은 욕구 때문만은 아닐 것이다. 커피 한잔보다, 그 안에 깃든 문화에 더 마음이 쏠린 것이다. 사람들이 카페에 가는 이유는, 카페에 담긴 수많은 문화의 매력을 떨쳐버릴 수 없었던 까닭이다.

덕수궁에 정관헌을 지어 분위기 있게 커피 마시기를 즐겼던 고종, 교류하고 소통하기 위해 다방을 제집처럼 여기며 머물었던 예술가들, 다방 커피보다 매력적인 미스 김에게 얼굴도장을 찍기 위해 다방 문턱이 닳도록 드나들던 동네 아저씨, 된장녀의 누명을 쓰고 따가운 시선을 받아가며 스타벅스를 드나들었던 무고한 그녀들, 그리고 가고 싶었던 카페를 찾아가기 위해 카페 홀릭이 되어 기꺼이 시간을 내놓고 발품 팔기를 마다하지 않는 카페 노마드 당신까지.

그들은 카페에 홀딱 반했다. 카페에서 차를 마시는 건, 문화를 마시는 것과 별반 다르지 않다. 당신이 카페에 스며있는 맛있는, 달콤한, 신선한, 훈훈한, 여유로운 문화를 골고루 마시는 데 이 책이 이정표가 되었으면 하고 바라본다. 아울러, 하루가 멀다 하고 카페가 들어서는 홍수 속에서 제대로 된 카페만 살아남길 바란다. 그것이 맛이든, 멋이든, 문화든 간에.

여는 글　옛날 다방에서부터 카페 안에 수많은 문화가 깃들기까지　4

1

카페는 쌉쌀하다

카페는 마음으로 내리는 커피다 **이심**　14

카페는 오늘의 커피다 **일상**　22

CAFE IN 그 카페 주인은 어디서 커피 마실까?

커피 한잔　30

카페는 더치커피다 **미즈모렌**　34

카페는 역사다 **미네르바**　40

CAFE THEME 프랜차이즈 카페보다 골목길에 숨은

카페가 더 사랑스러운 이유　48

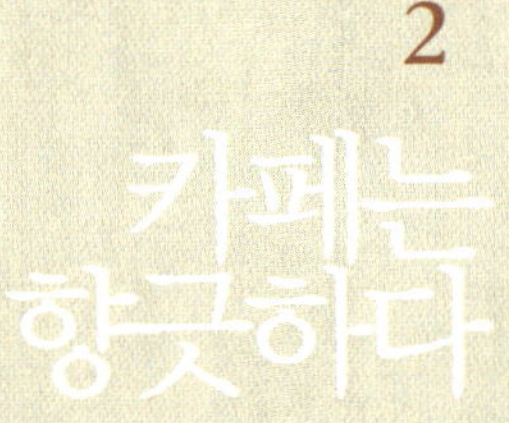

2

카페는 향긋하다

카페는 오후의 홍차다 **북스쿡스**　52

카페는 차와 친구가 되는 곳이다 **차연**　60

카페는 청각장애인의 꿈이다 **티아트**　68

CAFE IN 홍차를 맛있게 우리는 방법　74

카페는 약차다 **반짝반짝 빛나는**　76

카페는 생기 넘치는 삶이다 **사루비아 다방**　82

CAFE THEME 내 맘대로 꼽은 카페에 '이건' 꼭 있었으면

좋겠다 Best 5　90

3

카페는
여유롭다

카페는 슬로우 푸드 아점이다 **카페 슬로비** 94

카페는 푸짐하게 먹는 브런치 뷔페다 **스토브** 102

CAFE IN 밥은 먹고 다니냐? 끼니 떼우기 좋은

카페 6 108

카페는 개성 넘치는 브런치다 **런던 티** 112

카페는 영화 같은 브런치다 **카페 그라폴리오** 118

CAFE THEME 어느 날 갑자기 사라진 카페에

대하여 126

4

카페는
달콤하다

카페는 케이크다 **달콤한 거짓말** 130

카페는 자연식이다 **쿡앤북** 136

카페는 초콜릿이다 **빠드두** 142

카페는 떡이다 **희동아 엄마다** 150

CAFE IN 별별 디저트 다 모였다 156

카페는 두부다 **교토푸** 160

CAFE THEME 카페, 노래하다 168

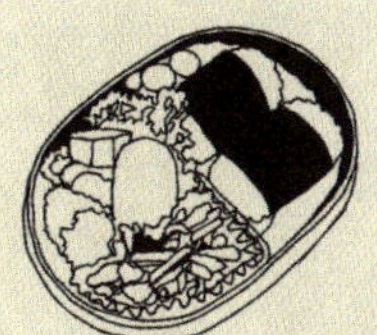

5

**카페는
훈훈하다**

카페는 평화다 **사직동 그 가게** 172

CAFE IN 인도여행 중에 만난 짜이 한잔의 추억 178

카페는 내가 주인이다 **잎새바람** 182

카페는 나답게 사는 방법이다 **다르다** 190

카페는 후원이다 **유익한 공간** 196

CAFE THEME 카페 작명의 유형 몇 가지 202

6

**카페는
신선하다**

카페는 여행이다 **레인트리** 206

CAFE IN 여행지에서 만난 특별한 안식처 **달팽이 버스** 214

카페는 공연장이다 **카페 디디다** 220

카페는 설탕 공예이다 **카페 설탕** 226

카페는 꽃이다 **에이프릴 샤워** 232

CAFE IN 카페 활용 백서 238

카페는 복합문화공간이다 **스페이스 꿀** 242

CAFE THEME 영화 속 카페 한 장면 248

7

카페는
특별하다

카페는 아지트다 **델 문도** 252

카페는 포장마차다 **커피포차** 260

CAFE IN 아메리카노 Vs 케냐 AA 270

카페는 커피 공장이다 **앤트러사이트** 272

CAFE IN 설마 이런 곳까지 카페가? 비닐하우스에 꾸린

카페 **선자살롱** 278

카페는 사찰이다 **지대방** 282

CAFE THEME 카페에서 발견한 이것! 290

그 동네엔 어떤
카페가 있을까?

Appendix

홍대 앞 294 제너럴 닥터 / 수카라 / 카페 히비 / 카페 위 /
에티오피아 / 홀리데이 아파트먼트 / 카페 꼼마 / 연남살롱

북촌 298 차 마시는 뜰 / 팔레트 / 카페 두루 / 카페 공드리

효자동 300 카페 스프링 / 고희 / 에 마미 살롱 드 떼 /
마르코의 다락방

신사동 가로수길 302 르퓨어 카페 / 도쿄 팡야 /
에이미 초코 / 마망갸또

부암동 304 클럽 에스프레소 / 플랫 274 /
드롭 오가닉 커피 / 카페 스탐티쉬 앤 까레닌

이태원 306 타르틴 / 로마 / 컵앤볼 / 이샘컵케이크

인사동 308 아름다운 차 박물관 / 뜰 안 / 차라리 / 지대방

BOOK STORY 이 책은 어떻게 나왔을까? 이 책이 태어난
그 카페! **타셴** 310

맺는 글 책을 마무리하며 314

카페는 쌉쌀하다

1

카페는 마음으로 내리는 커피다

마음으로 내린 핸드드립 커피

CAFE INFO

전화번호 | 070.4235.5050 주소 | 서울 마포구 연남동 227-5
영업시간 | 평일 12:00~23:00 주말 02:00~23:00

커피상점 〈이심〉을 향해 걷고 있었지만, 아무래도 미심쩍었다. 가는 길에 '정말 이 길로 가는 게 맞나?' 하는 생각을 수차례 했다. 결국, 의심을 거두지 못하고 전화를 걸었다. 중년의 남자가 전화를 받았다. 으레 그랬다는 듯 자연스럽게 길을 알려주었다. 외진 주택가 골목이라 익숙하지 않아서 그렇지, 한 번 다녀가면 그리 어려운 길은 아니다. 〈이심〉을 꾸린지 1년을 훌쩍 넘긴 이 시점에도 날마다 길을 묻는 전화가 한 번씩은 걸려온다.

여기가 정녕 서울 하늘 아래인가 싶을 정도로 예스러운 가게가 곳곳에 눈에 띄었다. 허름한 골목 초입에 커피상점 〈이심〉이 보였다. 뽀글뽀글한 아줌마 파마를 잘 말 것 같은 미용실, 사주팔자는 물론 남녀 궁합도 기막히게 봐준다는 철학관과 마주 보고 있다. 이곳에 자리 잡는 데는 꽤 큰 용기가 필요했을 것 같다. 유동 인구가 많은 것도 아니요, 유달리 커피 팔기 좋은 상권이 형성된 것도 아닌 평범한 주택가일 뿐이니까.

손 맛이 살아 있는 여과식 커피

커피와의 인연이 어느새 10년째라는 최진식 대표. 말을 할 때, "아이 참"을 연발하는 습관이 있어서 아이참 바리스타로 통한다. 그는 부암동의 랜드마크로도 손색이 없을 만큼 널리 알려진 커피 전문점 〈클럽 에스프레소〉에서 수년간 로스팅을 담당했다. 〈이심〉을 꾸리기 전에는 홍대 앞 서교동에서 〈망명정부〉를 운영했다. 망명정부 간판을 보면 주간에는 다방, 야간에는 살롱의 줄인 말인 주다야싸가 붙어 있었다. 저녁 7시까지는 커피를 팔고 이후에는 주류를 파는 독특한 운영 방식이었는데, 그럴 만한 이유가 있었다. 망명정부는 원래 느지막이 여는 술집이었다. 술을 팔 수 없는 오전 시간은 비어 있었다. 이 틈을 이용해 12시부터 7시까지 커피를 팔게 되면서 자연스럽게 '주다야싸'가 되었다.

그곳에서 독립해 나온 곳이 커피상점 〈이심〉이다. 홍대 주변을 떠나고 싶지 않았지만 홍대 일대의 임대료가 터무니없이 많이 오른데다, 마음에 드는 마땅한 자리가 나오지 않았다. '시간이 얼마나 걸릴지 모르지만, 일단 해보자!'라는 마음으로 이곳에 둥지를 틀었다. 에스프레소 머신의 고압으로 추출해 만든 카페 라떼, 카푸치노 등의 메뉴는 없다. 핸드드립만 고집한다. 직접 골라서 들여온 생두를 이곳에서 볶는다. 커피콩의 산지와 품종, 볶는 온도와 가열 시간 등에 따라 커피 맛이 섬세하게 변한다. 알맞게 볶아낸 커피콩을 적당한 크기로 갈아, 노련한 손놀림으로 내린 커피를 대접한다. 우리는 도구, 물 온도와 시간, 추출되는 양 등에 따라 맛이 제각각이다.

내리는 사람의 손맛과 마음가짐에 따라서도 다른 맛을 낸다. 똑같은 도구를 쥐여 주었다고 해서 누구나 같은 맛의 커피를 내놓을 수 있는 게 아니다. 마치 학창시절 같은 교과서에 같은 시간이 주어져도 성적은 천차만별인 것과 같은 이치다. 가는 물줄기가 커피 위를 빙글빙글 돌며 고루 적시면, 신선함을 증명해 보이듯 큼지막하게 부풀어 올랐다가 가라앉는다.

낯설지만 유서 깊은 터키식 커피

〈이심〉의 메뉴판을 들춰보면 낯선 메뉴, 터키식 커피 Turkish Coffee가 있다. 옛날부터 터키에서 사용했던 추출 도구인 이브리크 Ibrik를 이용해 한약처럼 달

마음을 다해 커피를 내리는 아이참 바리스타, 최진식 대표

• 진한 풍미의 터키식 커피
•• 오래 전부터 터키에서 사용했던 추출 도구, 이브리크

여 마신다. 이브리크는 컵처럼 생긴 용기에 긴 손잡이가 달린 기구인데, 여기에 곱게 간 원두를 넣고 뜨거운 물을 적당히 부어 가열한다. 부풀어 오르면 끓어 넘치기 전에 불에서 떼어 놓았다가 다시 불 위에 얹기를 몇 차례 반복해 달인다. 구릿빛 이브리크와 한몸이 되어 펄펄 끓는 커피는 침전물이 가라앉은 다음에 마시면 된다. "커피는 지옥처럼 검어야 하고, 죽음처럼 진해야 하며, 사랑처럼 달콤해야 한다."라는 터키의 옛말처럼, 검고 진하다. 여기에 설탕 한 숟가락을 넣으면 달콤함이 더해진다. 이국적인 그릇에서 풍겨 나오는 커피의 진한 풍미, 부글부글 끓는 짙은 갈색의 터키식 커피. 거품 없는 가격 4,000원이다.

커피의 역사를 거슬러 올라가면, 터키식 커피를 빼놓고 이야기할 수 없다. 터키식 커피 추출법은 인류가 최초로 커피를 즐기기 시작한 방법에 가깝다. 어찌 보면 카페에서 터키식 커피를 취급하는 것은 지극히 당연지사. 터키식 커피가 특별하다기보다, 다른 곳에서 안 하다 보니 독특하게 보이는 것이다. 우리나라에서 판매하는 이브리크는 대부분 일본에서 들여온 것들이라 가격이 부담스러운데, 〈이심〉에서는 터키 상점과 인연이 닿아 12,000~15,000원 선에 이브리크를 살 수 있다.

마음으로 내리는 커피

핸드드립은 어찌 보면 간단해 보이고, 레시피도 너무나 정직해서 어떻게 내리든 별다른 차이가 없다고 생각할 수 있다. 하지만 물을 얼마나 넣느냐, 순서를 어떻게 달리하느냐 등의 미묘한 차이에 따라 커피 맛이 크게 달라진다. 최진식 대표는 "어떤 마음을 가지고 커피를 내리느냐가 커피의 맛을 좌우한다"라고 말하며 커피를 대하는 마음가짐을 강조한다. 커피를 만드는 기술이야 몇 달 투자하면 배울 수 있지만, 중요한 것은 마음이라는 것. 그가 내려준 커피 맛의 진정한 비법은 진심 어린 마음이 아닌가 싶다.

카페 상호인 〈이심〉도, 마음에서 마음으로 전한다는 의미의 이심전심에서 나왔다. 이심전심은 뻔하고 재미없다는 주변인의 만류로 전심을 툭 쳐내고 〈이심〉만 남겼다. 그의 마음이 이심전심으로 전해지기 때문인지, 〈이심〉은 사람을 모으는 재주가 있다. 커피를 마시는 사람의 마음 또한 다르지 않아서, 그의 정성이 마음에서 마음으로 고스란히 전해지기 때문이리라. 먼 길 마다치 않고 찾아오는 지인부터 중년 아저씨의 손맛에 매료된 사람들까지, 후미진 골목 문턱이 닳고 닳는다.

"언제, 커피나 한잔합시다."라는 말이 입에 착 붙었을 만큼 많은 사람이 즐기는 커피지만, 커피 향이 떠도는 편안한 공간과 마음으로 내리는 커피를 내어주는 곳은 그리 흔하지 않다. 마음까지 훈훈하게 데워주는 특별한 커피 한 잔으로 사람과 사람을 이어주는 곳. 〈이심〉이 특별한 이유다.

카페는 오늘의 커피다

오늘의 커피

CAFE INFO

전화번호 | 02.762.3114 주소 | 서울 성북구 성북동 100-1 영업시간 | 12:00~23:00

"여기가 사진 잘 나와요." 카페 〈일상〉의 정기헌 대표가 사진 잘 나올 만 한 곳을 콕콕 집어 일러준다. 주인이라서 꿰고 있으려니 했는데 아니다. 생각해보니 그의 전직은 기자였다. "참, 기자셨지요?"하고 물었더니 오래된 일이라며 쑥스러워 하는 기색을 보였다.

끊임없이 정진해야 앞으로 나아갈 수 있다

카페를 열기 전, 그는 잡지사 기자였다. 배운 건 건축이라 전공을 살리자면 설계사무소로 가야 마땅했지만, 하필 IMF가 닥친 시점에 대학원을 나섰다. 경기를 제대로 타는 업종이라, 당시 설계사무소의 소장도 줄줄이 놀고 있었다. 그 와중에 신입사원을 뽑아 일을 가르치고 월급까지 챙겨줄 여력이 있는 곳이 있을 리 만무했다. 그러던 중에 선배가 잡지를 창간했다면서 함께 일하기를 청했다. 〈월간 국악〉이라는 잡지였다. 마침 사진도 곧잘 찍었고 글 솜씨도 좋은 편이었다. 그렇게 기자 생활을 시작해 몇 년간 기자로 살았다. 쭉 글을 쓰고 싶었지만, 세상 일이 어디 마음대로만 흐르던가.

우리나라의 소규모 잡지사는 대체로 영세하다. 특정 분야의 전문지라면 사정은 더욱 좋지 않다. 잡지에 실을 광고가 들어오지 않으면 입에 풀칠하기가 쉽지 않은데, 소규모 잡지에 광고가 쇄도할 리 없었다. 결국, 4년간의 기자 생활을 끝으로 잡지는 폐간되었다. 잡지사를 그만두면서 그에게 남은 건, 그간 만났던 사람들에게서 배운 열정적인 삶의 자세와 겸손이었다. "8살 때 시작했어요. 그때부터 지금까지 쭉 이 일을 하고 있지요." 한 직업을 50여 년간 이어온 국악 명인들을 만나면서 제자리를 지키되, 끊임없이 정진하는 장인들에게

오늘의 커피를 내리는 정기헌 대표

숱한 감동을 받았다. 그때 배운 것들이 커피를 내릴 때의 마음가짐에 많은 영향을 주었다.

정기헌 대표는 "국악 명인들처럼 커피 역시 평생 직업이 될 수 있어요. 하지만 남의 가르침 없이 스스로 학습할 수 있는 사람만이 가능해요. 이 상태가 되면 커피가 더욱 재미있어집니다."라면서 끊임없이 발전하는 사람이 되고 싶다는 속내를 드러냈다.

미술관 옆 카페 〈일상〉

입을 꾹 다물고, 이따금 미간에 주름을 잡아가며 진지한 태도로 커피를 내리는 정기헌 대표. 커피에 대한 진지함이 한껏 묻어나는 모습이지만, 그와 커피의 만남은 의외로 가볍게 시작되었다.

첫 번째 〈일상〉은 창덕궁 근처에 문을 열었다. 6평짜리, 당시 월세 35만 원하는 아담한 가게였다. 카페를 열기 위해 커피 기술을 가르치는 학원에 등록해 커피 기술을 배웠고, 커피 만드는 솜씨가 남달랐던 지인 옆에 찰싹 달라붙어 커피를 배우기도 했지만 장사를 한 번도 해본 적 없으니 두려운 마음이 앞섰다. '하다가 안되면 사무실로 써야지.' 이렇게 마음먹고 부담 없이 카페를 개업했다.

주변 직장인들이 커피를 마시러 카페를 찾았다. 카페가 너무 작았던 탓에 본의 아니게 커피 만드는 모습을 만천하에 공개할 수밖에 없었다. 누군가가 지켜보고 있다는 생각에 식은땀이 줄줄 흘렀고 손이 덜덜 떨리기 일쑤였다. 덕분에 연습 하나는 톡톡히 했다. 하루 이틀, 연습에 연습을 거듭하면서 이왕 할 거면 더 맛있게 만들어야겠다는 다부진 욕심도 생겼다. 커피 한잔으로 사람을 행복하게 만들 수 있다는 사실이 그를 기쁘게 했다. 그때부터 정기헌 대표의 커피에 무게가 실렸다. 커피의 세계는 알면 알수록, 배우면 배울수록 끝없이 깊어졌다. 그럴수록 커피에 대한 흥미로움은 더해져 갔다.

창덕궁 근방에서 꾸리던 가게가 한없이 좁게 느껴질 무렵, 그는 좀 더 넓은 곳을 찾아 성북동에 다시 터를 다졌다. 출퇴근길에 오가던 길인데, 주변 풍경이 한산하고 조용한 것이 마냥 따듯하게 여겨졌다. 그게 무엇을 말하는지 나

〈일상〉표 카푸치노

도 알 것 같다. 말로 풀어서 명료하게 설명할 수 없지만, 〈일상〉을 몇 차례 다녀간 사람이라면 공감할 수 있을 것이다.

그때 성북동에는 카페가 거의 없다시피 했는데, 정기헌 대표는 은근하게 믿는 구석이 있었다. 〈일상〉 옆 간송 미술관. 1971년 가을부터 매년 봄, 가을에 전시를 연다. 1년에 달랑 두 차례 일반인에게 개방하는데, '그때 전시를 보러 온 사람들이 언젠가 내 커피를 알아주지 않을까?' 하는 기대를 품었다고 한다. 그의 예감은 적중했다. 전시 시즌이 되면 〈일상〉도 덩달아 바빠진다. 그 역시 간송 미술관의 전시를 좋아한다. 미술관에 다녀온 사람들이 카페에 들러 전시 이야기 나누는 모습을 보면, 그렇게 흐뭇할 수가 없다고.

일상에서 느끼는 작은 행복, 오늘의 커피

〈일상〉에 들어서면, 메뉴판을 들고 와서 오늘의 커피에 대해 조근조근 설명을 늘어놓는다. 오늘의 커피는 언제나 두 가지다. 그날 가장 맛있는 커피를 내놓는다. 단 느낌이 확연히 다른 두 종류를 준비해 선택할 수 있도록 한다. 하나가 강배전이면 나머지 하나는 중배전, 하나가 남미에서 온 원두라면 다른 하나는 아프리카에서 온 원두로 정하는 식이다.

오늘의 커피는 정기헌 대표의 배려로 탄생했다. 원두의 종류와 상태에 따라, 로스팅 후 최상의 맛을 내는 날이 제각각이다. 어떤 것은 볶은 지 3일이 지났을 때 가장 맛있고, 어떤 것은 볶은 지 일주일 뒤에야 제맛을 낸다. 하지만 손님들이 이런 사정을 헤아릴 리 없지 않은가. 원두의 사정은 아랑곳하지 않은 채, 그저 메뉴판을 살핀 뒤 개인의 취향에 따라 커피를 주문할 뿐이었다.

　　손님으로서는 어쩔 수 없는 일이지만, 커피를 내어주는 사람으로서는 안타까운 일이었다.　가장 맛있게 즐길 수 있는 커피는 따로 있는 데 말이다. 고민 끝에 그날 가장 자신 있는 두 가지에만 집중해서, 최상의 맛을 대접하기로 한 게 오늘의 커피다. 하나를 골라 마시면, 다른 하나는 리필해 준다. 단돈 5,500원에 맛있는 커피를 두 가지나 맛볼 수 있는 것, 일상 속에서 느끼는 작은 행복이다. 한 모금 마시면 눈이 번쩍 떠지는 강렬함을 지닌 커피는 아니지만, 두 잔을 몽땅 마셔도 몸에 무리가 없는 무난한 커피를 지향한다. 반쯤 마신 커피를 들여다보니, 검붉은 빛을 띤 커피 너머로 컵 바닥이 투명하게 들여다보였다.

　　〈일상〉에는 오늘의 커피 말고도 숨겨진 보물이 하나 더 있다. 오랫동안 즐겨 찾은 손님들도 모르는 경우가 허다하다는데, 여기 카푸치노 맛이 아주 기막히다. 지인과 함께 할 때면 오늘의 커피 중 하나를 고르고, 카푸치노를 놓치지 않는다. 〈일상〉에서 선보이는 카푸치노는 우유 거품이 유난히 곱고 부드럽다. "시나몬 가루는 빼주세요."라고 굳이 말하지 않아도 안다. 카푸치노 위에는 시나몬 가루 대신 달콤한 유기농 설탕이 몇 알 올라 앉아 있다. 고운 우유 거품 속 쌉쌀한 커피와 함께 오도독 씹히는 설탕이 입안으로 딸려 들어온다. 달콤한 데다, 우유가 주는 든든함이 더해져서 출출한 오후의 간식으로도 제격이다.

그 카페 주인은 어디서 커피 마실까?

CAFE INFO

전화번호 | 02.764.6221 주소 | 서울 종로구 사직동 1-6번지 영업시간 | 12:00~21:00

성북동 카페 〈일상〉의 정기헌 대표를 만나 이런저런 이야기를 나누다가 문득, '그는 어떤 카페에서 커피를 마실까?' 하는 호기심이 일었다. 넌지시 "자주 가는 카페 있으세요?"하고 물었더니, 찰나의 고민도 없이 바로 튀어나온 곳이 여기 〈커피 한잔〉이다.

"사장님이 무뚝뚝한데, 참 재미있는 분이세요. 직접 카페를 꾸몄고, 자기만의 색깔이 분명해요. 배울 점이 많더라고요." 그러면서 한 마디 덧붙이길, 남이 해주는 음식이 맛있는 법이란다. 커피 역시 마찬가지여서 쉬는 날에는 내 손으로 직접 내려 마시는 대신 누군가가 내려주는 맛있는 커피를 마시러 가고 싶다고.

며칠 뒤 나는 그가 콕 집어준 카페 〈커피 한잔〉으로 향했다. 외관에서 풍기는 포스가 남달랐다. 얼핏 보면 허름한 것이 수십 년 전 동네 어귀에 있던 구멍가게 같기도 하고, 무언가가 주렁주렁 매달려 있는 걸 보면 꼭 고물상 같기도 했다. 안에는 옛날 물건을 좋아하는 이형춘 대표가 하나둘씩 모은 물건들이 수북하다. 오래된 물건을 유달리 좋아하는데, 값나가는 골동품을 좋아하는 게 아니라 사람들이 쓰다만 생활용품이 그렇게 정이 간단다. 인간미 넘치는 것, 정이 담뿍 담긴 물건을 좋아하는 그의 취향이 카페에 고스란히 배어있다. 고물상에서 집어온 것도 있고, 길을 걷다가 마음에 들어 주워온 것도 있다. 어떤 사람은 와서 "저거 내가 버린 건데." 혹은 "옛날에 우리 집에 있던 건데." 하며 추억을 되새기기도 한다.

겉만 보면 영락없이 고물상인데, 가만히 들여다보면 이곳의 정체를 알아차릴 수 있다. 바깥에 친절하게 또박또박 쓰여있다. '숯불로 커피 볶는 집'이라고. 마침 이형춘 대표가 부산하게 커피를 볶고 있었다. 고기 구워 먹을 것도 아닌데, 시뻘겋게 타는 숯불이 등장했다. 일본에서 가져온 것을 고쳐 만든 로스팅 기구에, 숯불을 넣고 일일이 불 조절을 해가며 커피를 볶는다. 일주일에 보통 5번 볶는데, 하루에 4~5kg씩 볶으면 3시간쯤 걸린다. 숯불로 볶은 커피는 맛이 간결하고 깔끔하다. 향이 겉으로 확 드러나기보다는, 차분히 머금고 있는 은은한 향이 특징이다. 숯을 쓰다 보니 볶는 과정이 번거롭기도 하고, 화력이 일정하지 않아서 불의 세기 조절이 쉽지 않다. 그럼에도 그가 숯불 로스팅을 고집하는 이유는 뭘까?

"숯불에 구운 고기 맛과 가스 불에 구운 고기 맛이 얼마나 확연히 차이 나는지는 고기를 깨나 먹어보지 않은 사람도 다 안다. 구워지는 건 똑같은데, 숯불이 훑고 간 고기에는 가스 불이나 전깃불이 낼 수 없는 맛의 비밀이 있다. 숯이 음식을 익히는 원리가 다르기 때문이다. 그게 커피콩에서도 차이가 날 것이라는 생각은 못했다. 커피콩도 음식인데 말이다." 가스 불이나 전깃불이 흉내 낼 수 없는 그 무엇이 있기 때문이리라. 그가 숯불 로스팅을 시작한 지는 햇수로 6년 정도 되었지만, 여전히 충분한 맛을 다 내고 있지 않다고 생각한단다. 끊임없는 경험을 통해 지금도 여전히 배우는 중이라고.

〈커피 한잔〉을 추천해준 정기헌 대표가 운영하는 카페 〈일상〉에 대해 물었다. "열심히 하는 분이고, 그 마음이 커피에 담겨 있어요. 맛은 이곳과는 확연히 다르지요. 여기는 숯불로스팅이라 개성이 강하지만, 〈일상〉의 커피는 언제나 부담 없이 마실 수 있는 편안한 커피라고 생각해요." 그러면서 "음식도 그렇잖아요, 자기가 한 음식보다 남이 해준 게 더 맛있잖아요?"란 말을 더했다. 정기헌 대표와 같은 말을 했다. 음식이든 커피든 역시 남이 해준 게 맛있다는 거, 그건 아무래도 진리인가 보다.

   똑똑똑, 기다림의 미학 〈미즈모렌〉

카페는 더치커피다

더치커피 추출 기구

CAFE INFO

전화번호 | 02.325.5202 주소 | 서울 마포구 서교동 411-12 영업시간 | 11:00~01:00

매일 11시, 미즈모렌의 풍경

매일 11시가 되면 〈미즈모렌〉은 부산해진다. 영업 준비가 한창이기 때문이다. 전날 마무리하면서 테이블 위에 뒤집어 올려놓았던 의자를 내려놓고, 테라스에서 안으로 들여놓았던 의자와 테이블을 번쩍 들어 바깥으로 나른다. 바닥은 빗자루로 싹싹 쓸어내고 걸레의 물기를 힘껏 짜서 테이블을 말끔하게 닦아낸다.

어느 정도 매장 정리가 되고 나면, 이번에는 더치커피 내릴 준비를 해야 한다. 〈미즈모렌〉은 국내에 몇 안 되는 더치커피 전문점이다. 더치커피는 네덜란드가 인도네시아 자바 섬을 점령했던 옛날, 그곳에 사는 원주민이 커피를 마시던 방식에서 유래했다. 정작 네덜란드에는 더치커피가 없다. 5년 전쯤 이곳 사장이 일본으로 건너가 자판기 도시락만 먹으면서 배웠다고, 점장 고은성 씨가 귀띔해 주었다. 언제나 자판기 도시락만 뽑아 먹지는 않았겠지만, 그만큼 고생스러웠다는 이야기일 것이다.

카페 문이 열리자마자 들어가서 처음부터 끝까지 지켜본 더치커피 준비 과정은 생각보다 손이 많이 갔다. 창가에 놓인 추출 기구를 일일이 손봐야 한다. 일단, 하나씩 분리해서 청결하게 소독한다. 특별한 비법이기 때문에 절대 발설할 수 없다는 〈미즈모렌〉만의 블렌딩과 로스팅으로 볶아낸 원두 봉지를 주섬주섬 꺼낸다. 여기서 필요한 양을 덜어내 그라인더에 갈아낸다. 이것을 실험 도구처럼 생긴 추출 기구에 옮겨 담는다. 그냥 퍼 담으면 헐거워서 못쓴다. 빈틈없이, 바닥은 평평하도록 탬퍼로 꽉꽉 눌러줘야 한다. 이렇게 차근차근 도구에 커피를 채우고, 다시 기구에 끼워 넣는다.

똑똑, 떨어지는 물방울

　여기서 끝이 아니다. 물이 일정한 속도로 똑똑 떨어질 수 있게 기구의 밸브를 조절해 준다. 물이 떨어지는 속도가 너무 빨라도 곤란하고, 느려도 곤란하다. 기구 세팅을 마치면, 커피 가루로 정신없이 어질러진 테이블을 정리한다. 이제 한시름 놓은 거다.

똑똑똑, 한 방울 씩 떨어지는 워터 드립 커피

〈미즈모렌〉에는 에스프레소 머신을 쓰는 카페처럼 확 퍼지는 커피 향이 없다. 대신 창가 쪽에 더치커피 추출 기구가 나란히 6개 놓여 있어 호기심을 자극한다. 독특한 모양 때문인지, 골목을 지나는 사람마다 한 번씩 들여다보고 간다. 똑똑. 한 방울, 한 방울이 숨넘어갈 것처럼 느릿한 속도로 떨어진다. 유리병에 가득 찬 맑은 물이 단단하게 눌러놓은 커피 위로 떨어지면서 검은 액체가 흘러 나온다. 뜨거운 물을 부어 우려내거나, 에스프레소 머신처럼 압력으로 뽑아내지 않는다. 더치커피는 오로지 중력만을 이용해 추출한다. 상온의 물로 추출해서 워터 드립이라고도 한다.

찬물이 커피 입자 단층을 통과하면서 한 방울씩 떨어져 내리는 것을 잠자코 있어야 기다림의 미학을 맛볼 수 있다. 〈미즈모렌〉에 있는 기구로는 빨라도 8시간, 족히 12시간은 지나야 한다. 원두가 적게 들어가는 작은 기구를 쓰면 4시간 혹은 6시간 만에 추출하기도 하고, 오래 걸리는 것은 24시간 동안 추출하기도 한다. 커피의 양과 물의 양, 물방울이 떨어지는 속도, 원두의 종류와 로스팅의 강도 등에 따라 다른 맛이 난다. 물방울이 송골송골 맺혔다가 서럽게 떨구는 모습이 꼭 우는 것 같아 '눈물의 커피'라는 애칭도 있다.

그렇게 나온 더치커피는 냉장 보관하면 1달까지도 마실 수 있다. 끓이지 않은 물을 쓰기 때문에 장시간 보관해도 맛의 변화가 거의 없어 생각보다 유효기간이 길다. 더치커피에는 카페인이 없다는 말을 들은 적이 있는데, 사실이 아니다. 카페인이 적을지는 몰라도 아예 없다는 건 근거 없는 이야기.

더치커피는 커피 찌꺼기가 전혀 포함되어 있지 않아서 잡맛 없이 깔끔하다. 쉬는 날 없이 1년 365일 내리는데도 커피가 부족해서 곤란에 처하는 날이 있다. 더치커피가 유달리 시원하게 느껴지는 여름에 그럴 확률이 높다. 아침에 내린 것으로 턱없이 모자란다. 그러면 퇴근길에 또 내려놓고 집으로 향한다. 밤새도록 훌쩍거린 커피가 출근하면 시커먼 낯짝을 띠고 있다. 하지만 밤낮으로 가동해 30,000cc 넘게 추출해도 모자랄 때가 있다. 그렇다고 매장에 찾아온 손님을 돌려보낼 수는 없는 일. 급한 대로 750mm 판매용을 개봉해 사용하는 일도 있단다.

생활의 달인에 등장했던 특별한 카페오레

〈미즈모렌〉에는 SBS 생활의 달인에 소개되었던 특별한 커피가 있다. 마치 중국의 차 기예를 보는 듯하다. 중국의 차 기예를 보면, 물이 담긴 주전자를 들고 별의별 희한한 동작을 선보이며 차 따르는 모습을 볼 수 있다. 카페오레를 주문하면 한 손에는 상온에서 장시간 추출한 더치커피를, 다른 한 손에는 우유를 넣은 주전자를 들고 나온다. 길고 좁은 컵에 얼음을 채우고 낮은 높이에서 시작해 머리 꼭대기까지 주전자를 들어 올리며 커피와 우유를 부어준다. 아무 생각 없이 붓는 것 같아 보여도 진하게 혹은 연하게, 취향을 고려해 농도 조절을 해가며 카페오레를 만든다.

보는 사람이야 눈이 즐거워 좋긴 한데, 왜 꼭 이렇게 해야만 하는지가 궁금해진다. 키 높이 만큼 높은 곳에서 떨어뜨리면서, 마찰을 이용해 부드러운 거품을 내는 게 관건이다. 커피와 우유가 조화롭게 섞여야 맛이 좋다고 한다. 덕분에 커피와 우유가 잘 섞이도록 수저로 휘휘 저어주는 수고는 하지 않아도 된다.

• 카페오레 만드는 과정
•• 카페오레와 더치커피

카페는 역사다

1975년에 문을 연 〈미네르바〉

CAFE INFO

전화번호 | 02.3147.1327 주소 | 서울 서대문구 창천동 1326번지 2층
영업시간 | 11:30~22:30

10년이면 강산도 변한다는데, 수십 년이 지난 지금도 변치 않은 모습을 간직한 카페가 있다. 그것도 어느 시골 마을이 아닌 서울 한복판, 신촌에서 말이다. 1975년에 문을 열었다는 원두커피 전문점, 〈미네르바〉의 이야기다.

높은 건물 사이, 휘황찬란한 간판 속에 묻혀 있는 나지막한 건물. 눈에 잘 띄지 않지만 오랫동안 그곳을 지키고 있는 우직한 건물에 〈미네르바〉가 있다. 좁고 가파른 나무 계단을 타박타박 걸어 2층에 들어서면, 마치 세월을 거슬러 올라간 듯 그 시절의 흔적을 고스란히 들여다볼 수 있다. 아래층의 삼겹살집이 족히 40년은 되었다고 하니, 아마 그보다 오래된 건물일 것이다.

신촌에서 가장 오래된 원두커피 전문점 〈미네르바〉

평일 오후에 찾은 〈미네르바〉는 한가했다. 한쪽 면에 창문이 있어서 빛이 제법 많이 들어왔는데도, 가구 색이 짙어서인지 어둑어둑하게 느껴졌다. 언제 적부터 쓰던 것인지 가늠하기 어려운 소파가 아늑하게 놓여 있다. 궁둥이를 붙이자 탄력 없이 푹 하고 가라앉았다. 푹신함이야 예전만 못하지만 세월에서 우러나오는 포근함을 안겨주었다. 그 앞 테이블에는 오래된 멋을 더하는 체크무늬의 테이블보가 깔렸다. 여름에는 불타는 빨간색이 영 더워 보여서 시원스러운 파란색으로 갈아준다. 테이블 위에

한 장씩 놓인 레코드판이 자아내는 분위기는, 어쩐지 카페라기보다 다방이라 부르는 쪽이 더 합당할 듯싶다.

1975년부터 지금까지, 〈미네르바〉는 줄곧 비슷한 모습을 유지해왔다. 세월이 세월인 만큼 주인이 몇 차례 바뀌었다. 지금 〈미네르바〉를 이어가고 있는 사람은 현인선 대표. 오픈 당시 그는 중학생이었다. IMF 때 회사를 나오면서 이곳에 자리를 잡은 지 벌써 10년 남짓. 영업분야에서 일했던 경험을 살려서, 장사하면 괜찮겠다 싶은 마음에 시작한 가게다. 그때 현대백화점 옆의 못 좋은 곳에 가게 자리가 하나 나왔고, 이곳은 친구의 소개로 다녀갔다. 좁은 계단을 올라왔더니 조용하고 마음이 편안해지는 게, 커피 마시기에는 더없이 좋은 공간이라는 생각이 들어 이곳을 택했다고 한다.

주인은 몇 번 바뀌었어도, 전체적인 분위기와 주요 콘셉트는 꾸준히 이어져 왔다. 현인선 대표는 이곳을 처음 꾸렸던 사람이 굉장한 음악 마니아였을 것이라 추측했다. 그가 맡기 한참 전부터 수백 년 된 클래식 음악을 틀었다는데, 천장을 일부러 둥글게 만들어 음악이 고루 퍼지도록 설계했다고 한다. 주인이 바뀔 때마다 레시피와 거래처 등의 알찬 정보가 담긴 노트도 함께 전해진다. 수십 년 전의 풍경이 생생하게 재현되고 있어서, 그 시절을 겪은 적 없는 나조차도 아련하게 옛 모습이 보이는 듯했다.

그때의 카페 vs 지금의 카페

가끔 10년 전, 혹은 20년 전에 왔었다면서 이곳을 찾는 손님이 있단다. 오랜 시간 외국에서 지내다가 돌아왔더니 신촌 바닥이 못 알아볼 지경으로 변했지만,

HERB GARDEN
for your natural life-style
a garden with well-assorted greens

사진 속의 현인선 대표

추출 도구, 사이폰

이곳만큼은 하나도 변치 않았다면서 들르는 사람도 있다고. 그때 그 시절과 지금, 〈미네르바〉의 풍경이 어떻게 달라졌을까? 현인선 대표에게 물었다. 무뚝뚝해 보여서 영 말수가 없을 것 같은 외모에서, 오래된 추억 보따리가 하나둘씩 봇물처럼 터져 나왔다.

"10년 전에는 대부분의 커피 전문점에 테이블마다 전화가 있었어요." 문득 삐삐 생각이 났다. 그때는 일방적 커뮤니케이션인 '삐삐' 시대였다. 연락을 하기 위해서는 전화가 필요했다. 약속이 어긋나기라도 하면, 전화로 삐삐를 쳐야 무리없이 상대를 만날 수 있었다. 당시 〈미네르바〉에도 공중전화가 한 대 놓여 있었다. 카페 안에 공중전화라니, 지금 생각해보면 참 이상하게 여겨질 법한 진풍경이다. 그 시절에 쓰던 오래된 물건은 아니지만, 지금도 〈미네르바〉에는 공중전화가 있다. 그도, 아르바이트하는 학생도 가끔 동전을 넣고 전화를 사용한다고 하니 참 재미있다.

현인선 대표가 이곳을 인수했을 때만 해도 주류 판매와 흡연은 당연했다. 하긴, 옛날에는 지하철에서도 담배를 피우던 시절이었다. 카페에서 술과 담배는 기본 중의 기본이었으리라. 요즘 그랬다가는 따가운 눈총에 맞아 죽을 수도 있는 일이지만, 그때는 상황이 달랐다. 바깥에서 피우기 곤란한 여성들이, 흡연을 위해 일부러 카페를 찾는 일도 종종 벌어졌다. 주일에는 가게 문을 걸어 잠그는 그는 신앙이 있는 사람이다. 이 못 마땅한 풍경을 차츰차츰 바꾸어 결국 술과 담배를 몰아냈다. 이곳을 좋아하는 사람들은 나가서 담배를 피우는 한이 있어도 발길을 끊지 않아 크게 문제 되지 않았다. 의도했던 것은 아니지만, 원두커피 전문점 〈미네르바〉를 좋아할 만한 손님을 압축하는 데 도움이 되었다. 다수를 위해 괜찮은 결정이었다.

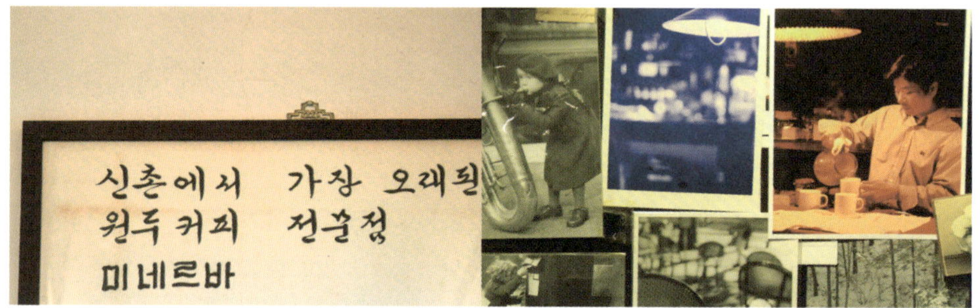

오래되었기 때문에 가능한 일들

그의 이야기를 가만히 듣고 있자니, 자꾸 웃음이 났다. 오래된 세월만큼이나 많은 이야기가 얽혀 있었다. 연세대학교에 다녔던 아버지가, 연세대학교에 들어간 아들 손을 붙잡고 찾아와 "엄마랑 여기서 데이트를 했었다."라고 옛이야기를 미주알고주알 고해바치는 부자지간. 어떤 여학생이 아르바이트 하겠다고 찾아왔는데, 알고 보니 중년이 된 엄마도 이곳에서 아르바이트한 적 있었다는 모녀지간. 어떤 사람은 옛날에 〈미네르바〉에서 일했던 적이 있노라며 찾아와 "그 당시 풍경을 이랬었지." 하고 회상하며 일일이 읊어주기도 했단다.

　　수년 전에는 〈미네르바〉를 만들었던 사람도 다녀갔다. 현인선 대표는 그를 증권사 전무였던 것으로 기억한다. "그분이 와서 사이폰 자랑을 한껏 늘어놓고 가셨다."고 전했다. 주인도 추억에 젖어 다녀가는 곳, 생각하면 할수록 흥미롭다. 한 자리에서 이렇게 오랫동안 버틸 수 있었던 비결이 궁금했다. "매출을 생각하면 맥주도 팔고 밥도 팔고, 다양하게 취급하면 좋을 것 같지만 지나

고 보니 모든 걸 놓치는 것이더라고요." 그는 대수롭지 않다는 듯 시큰둥하게 말했지만, 요즘 세상에 커피에만 집중한다는 것은 대단히 특별하다. 〈미네르바〉의 장수 비결은 커피와 다른 것들을 섞지 않고 오로지 커피에만 집중했다는 것이었다.

2잔 이상을 주문하면, 흡사 과학 시간에 실험실에서 보았을 법한 도구 사이폰에 커피를 추출해준다. 얄팍한 유리로 만든 사이폰을 수차례 깨 먹었지만, 예나 지금이나 여전히 사이폰 방식을 고수하고 있다. 사이폰에 물과 커피를 넣고 알코올램프에 불을 붙여서 끓여내는 커피맛, 그것이 〈미네르바〉를 대표하는 맛이다. 모락모락 김이 나고 커피 향이 퍼지면서, 부글부글 야단스럽게 반응한다. 물과 커피를 고루 저어 적당히 우러나면, 꽃무늬가 그려진 찻잔에 커피를 쫄쫄 따라 마신다.

그 당시 학교에 다녔던 중년층에게는 추억의 장소로, 젊은이에게는 낯선 과거의 경험으로 자리매김한 〈미네르바〉. 이 건물이 개발의 물살에 휩쓸리지 않고 쭉 이어졌으면, 하는 바람이다.

AM 08:50 빠듯한 출근 시간, 몽롱한 정신을 반짝 깨워줄 카페인이 필요한 시점이다. 강남대로에서 주변을 두리번거리다 결국 프랜차이즈 커피 전문점으로 향한다.

PM 12:05 빌딩 숲 속에서 파도에 휩쓸리듯 우르르 몰려나와 직장인 틈에 껴서 점심을 먹는다. 씹는 둥 마는 둥, 후루룩 마시다시피 숨 가쁘게 점심을 먹는다. 밥을 아무리 많이 먹는다 한들 채워지지 않는 커피 배를 불리기 위해 다시 커피 전문점으로 향한다. 희한하다. 양껏 먹은 다음에도 커피는 잘만 들어간다. 커피를 위한 공간이 뱃속 어딘가에 따로 마련되어 있는 것 같다.

PM 12:40 없는 시간을 쪼개서 밥도 먹고 커피까지 마시려니 내키지 않아도 다시 프랜차이즈 커피 전문점에 가는 수밖에 없다. 강남대로 변에서 주위를 둘러보면 온통 프랜차이즈 커피 전문점뿐이니까. 스타벅스, 엔젤리너스 커피, 카페베네 등. 수많은 커피 전문점이 거리의 가로수만큼이나 빼곡하게 들어서 있다.
통유리로 된 묵직한 문을 열고 들어가면 으레 해왔던 것처럼 "어서 오세요!"라고 앵무새처럼 인사를 건넨다. 커피를 주문하면 손님이 많아서 혼이 쏙 빠진 기색이 역력한 바리스타가 주문을 받는다. 주문 방법은 용건만 간단히. 원하는 메뉴와 크기, 포인트 카드 유무 여부만 확인하면 끝. 고르고 말고 할 것도 없다. 비슷비슷한 메뉴 속에서 즐겨 마시는 아메리카노나 카푸치노 중 하나를 고른다. 달콤함이 그리운 날에는 생크림이 잔뜩 얹어진 카페 모카를 주문하기도 한다.

계산이 끝나면 시끌벅적한 광고가 끊임없이 나오는 진동기를 손에 쥐여준다. 앞서 온 손님들이 줄지어 커피를 받아들고 나서면 내 차례가 돌아온다. 바빠 죽겠다는 듯 가쁜 숨을 몰아쉬며 무미건조한 얼굴로 "맛있게 드세요!"라고 말하지만, 썩 진심 같지는 않다. 내가 맛있게 먹든, 맛없게 먹든 그는 전혀 신경 쓰지 않을 것이다.

PM 12:57 테이크 아웃 커피를 들고 사무실로 향한다. 근무 중에는 프랜차이즈 커피 전문점으로 향해야 하는 처지지만, 마음은 늘 골목길 숨은 작은 카페에 가 있다. 지나가다 우연히 골목길에서, 마음에 쏙 드는 카페를 발견한다면 그보다 행복할 수 없으련만! 어째 강남역 주변 카페에서는 돈으로 말끔하게 마무리한 흔적이 엿보일 뿐 사람 냄새나는 곳이 좀처럼 없다. 이럴 때는 홍대 어디쯤 사무실이 있는 회사로 이직하고 싶은 심정이 되고 만다.

모두 그런 것은 아니지만, 대체로 프랜차이즈 커피 전

문점보다 골목길에 숨은 카페가 더 사랑스럽다. 일단, 쭉쭉 뻗은 대로 대신 오밀조밀 이어지는 골목을 따라 숨바꼭질하듯 찾아가는 재미가 있다. 다녀간 적 없는 골목길을 미로처럼 헤집고 다니면서 탐험가의 심정이 되기도 하고, 낮은 담장 아래 피어난 꽃 한 송이를 바라보며 감성이 돋아나 시인이 되기도 한다. '정말 이런 곳에 카페가 있을까?' 하는 의심을 품을 때쯤이 되어서야 카페를 발견했을 때의 그 속 시원함이란! 골목길에 숨은 카페를 찾아 헤매본 사람만이 이 쾌감을 알 수 있을 것이다. 그러나 현실은? 사무실에 콕 틀어박혀 모니터를 뚫어지라 바라보며 열혈 업무 모드에 돌입한다.

PM 06:00　　퇴근 시간. 퀭한 몰골을 해서는 서둘러 컴퓨터 전원을 끄고 벌떡 일어난다. 종종걸음으로 서둘러 카페로 향한다. 점심때 겪었던, 무미건조한 프랜차이즈 커피 전문점 말고, 이번에는 골목에 자리 잡은 아담한 카페로 발걸음을 재촉한다.

PM 06:38　　조용한 주택가 한가운데, 요란한 치장 대신 무심한 듯 보이는 외관으로 손님을 맞이하는 소박함이 좋다. 추운 날에는 따뜻하게 덥힌 물 한 잔을 내어주며 "날씨가 부쩍 쌀쌀해졌지요?"라고, 더운 날에는 에어컨 스위치를 켜면서 "밖이 엄청 덥죠?"라고. 빈말이라도 때때로 다른 말을 내뱉어 주는 사람 냄새 나는 골목길 카페가 좋다. 한 사람 한 사람, 저마다 다른 개성을 지닌 사람들처럼 서로 다른 콘셉트와 매력으로 승부하는 점도 마음에 든다. 조금은 치열했던 일상을 보내다, 일과를 마치고 커피 한잔의 여유를 찾아 골목길에 접어든 이들에게 흔쾌히 편안한 시간을 내어준다.

PM 07:05　　디지털 시계처럼 주문을 넣자마자 간단히 찍혀져 나오는 커피에서 느낄 수 없는 어떤 기운이 느껴진다. 오래된 아날로그 시계처럼, 천천히 그리고 여유롭게 정성 담아 내어주는 골목길 커피가 더 맛있게 느껴지는 건 단지 기분 탓일까. 골목길 숨은 카페에서 마시는 커피 한잔은 프랜차이즈 커피 전문점에서 마시던 그것들과는 다르다. 달라도 한참 다르다.

2

카페는
향긋하다

카페는 오후의 홍차다

카페는 오후의 홍차다

CAFE INFO

전화번호 | 02.743.4003 주소 | 서울 종로구 가회동 177-4 영업시간 | 10:00~22:00

과거와 현재, 동양과 서양이 만나는 곳, 〈북스쿡스〉

예스러운 한옥과 키 작은 건물들이 다정하게 어깨동무를 하고 있어서 걷는 것 만으로도 운치 있는 가회동. 골목 깊숙이 들어가면 사이사이 한옥의 숨은 속살 이 드러난다. 삼청동이나 인사동보다는 훨씬 한적하고, 도심 한복판이지만 좀 처럼 서울 같지 않은 것이 쉽게 흉내 낼 수 없는 이곳만의 매력이다.

가회동의 기품 넘치는 분위기에 퍼즐 조각처럼 딱 들어맞는 〈북스쿡스〉, 길을 가다가 바깥에서 얼핏 보면 통유리로 된 문만 보여서 별반 특별해 보이지 않지만, 돌계단을 올라 파릇한 잔디밭을 지나서 안으로 발을 들여 놓는 순간, 동양과 서양을 아우르는 이곳만의 진한 매력에 빠져들고 만다.

〈북스쿡스〉는 'ㅁ'자 구조의 오래된 한옥을 고쳐 만들었다. 이곳을 운영 하는 정영순 대표의 지인인 경원대 실내건축학과 현명원 교수가 디자인을 맡 았다. 고풍스러운 한옥의 멋은 그대로 살리되, 전통미와 세련된 감각이 적절한 조화를 이루고 있다. 가운데 묵직하게 자리 잡은 오픈 키친에서는, 마치 난타 공연을 벌이듯 경쾌하게 차와 요리를 준비한다. 주문을 받으면 부산하게 움직 이며 요리를 하는데, 내가 맛볼 음식이 어떻게 만들어지는지 지켜보는 것도 음 식을 즐기는 흥미로운 과정이 된다.

한 쪽을 차지한 서재에는 책들로 가득한 책장이 늠름하게 버티고 있다. 어떤 칸은 손가락 하나 쑤셔 넣을 틈도 없을 만큼 빼곡하다. 놀라운 것은 1,000 여 권의 책들이 전부 요리책이라는 점. "요리를 좋아하시나 봐요?"란 질문에 "요리 정말 좋아해요!"라고 말하며 방그레 웃음 짓는 정영순 대표의 표정에서, 요리에 대한 남다른 애착이 물씬 묻어났다. 평소 요리에 관심이 많아 요리연구

가 한복려 씨에게 궁중 음식, 떡 등을 배우기도 한 그녀다. 매장 곳곳의 장식장에는 티팟, 찻잔, 접시 등 그릇이 한 보따리다. 요리를 좋아해 그릇을 주섬주섬 모은 탓도 있지만, 유학 중인 딸 덕분에 영국을 들락날락 거리며 수집할 수 있었던 보물 같은 컬렉션이다.

나른한 오후, 여유롭게 즐기는 티타임

〈북스쿡스〉에서는 영국식 정통 애프터눈 티를 만날 수 있다. 애프터눈 티를 주문하면 장식장을 가득 채운 그릇 중, 마음에 드는 찻잔과 접시를 직접 고를 수 있다. 매의 눈으로 살펴보면, 이 중에는 무려 150여 년 된 유서 깊은 홍차 잔, 도자기 브랜드 웨지우드의 기품 있는 홍차 잔, 화사한 무늬를 입은 일본 노리다케의 홍차 잔도 있어 고르는 재미가 쏠쏠하다.

차의 시작은 중국이지만 애프터눈 티, 오후의 홍차 문화는 영국에서 시작되었다. 영국 공작의 부인인 안나 마리아가 애프터눈 티의 전통을 만들었다. 만들려고 만든 건 아니었다. 만들어질 수밖에 없는 상황이었다. 당시 영국의 식생활은 이랬다. 아침은 푸짐하게 먹고, 점심은 소소하게 빵과 과일, 말린 고기를 먹으며 가볍게 때웠다. 문제는 저녁이었다. 사교를 겸한 저녁 식사는 우아하게, 연극이나 음악회 등을 보고 난 뒤에나 먹을 수 있었다. 우아하지 못한 건 뱃속 사정. 8시나 되어야 저녁을 먹을 수 있었으니, 뱃속이 우아할 리 없었다. 귀족들은 저녁을 먹기까지의 시간이 무척이나 괴로웠다. 이때 안나 마리아는 어중간한 오후 시간에 샌드위치나 빵 등을 뜨거운 홍차와 함께 먹었다. 이것이 귀족들 사이에 유행처럼 번져, 오후의 사교 문화로 발전한 것이 애프터눈 티다.

그들이야 늦은 저녁 시간까지 배고픔을 견딜 수 없어 애프터눈 티를 먹었다지만, 우리는 사정이 다르다. 아침, 점심, 저녁 세 끼를 제때 꼬박꼬박 챙겨 먹으면서 간식으로 애프터눈 티를 즐기기에는 매우 거한 상차림이 아닐 수 없다. 나른한 휴일 오후, 달콤한 늦잠을 자고 일어나서 브런치 삼아 먹어야 임신부처럼 배가 부풀어 오르는 불상사를 면할 수 있다. 차와 티푸드를 후루룩 삼키듯 먹지 않고, 천천히 갖은 여유를 부려가며 시간을 보내기에도 휴일 오후가 그만이다.

영국식 정통 애프터눈 티를 만나다

팔팔 끓는 물에 찻잎을 넣은 티팟, 직접 고른 찻잔, 찻잎을 걸러낼 스트레이너가 테이블 위에 놓인다. 홍차를 알맞은 시간 동안 우려내기 위해 쓰이는 모래시계, 뜨거운 물 온도를 보온하기 위해 씌우는 티코지가 함께 나온다. 홍차 우리기의 정석에 충실하다. 이어서 3단 트레이 위

애프터눈 티

에, 차와 함께 곁들일 티푸드가 풍성하게 담겨 나온다. 정영순 대표는 영국의 리츠 칼튼 등의 호텔에 직접 발품을 팔아가며, 현지의 애프터눈 티 문화를 그대로 옮겨오기 위해 애를 썼다. 영국의 호텔에서는 심플한 스타일의 애프터눈 티를 내는 것이 보통이라는 게 그녀의 설명이다. 이것이 해외로 퍼져 나가면서 점차 화려해진 것이란다.

접시의 1층에는 연어, 오이, 달걀로 속을 채운 샌드위치가 놓였다. 허전한 감이 들 만큼 얄팍하게 속을 채웠다. 단출한 샌드위치가 영 생소하지만, 깔끔하다. 2층은 노릇하게 구워진 스콘이 나왔다. 스콘 만큼은 반드시 바로 굽는 것을 고집한다. 그녀가 영국에서 요리를 배울 때, 영국인 요리 선생이 강조했던 것을 그대로 수용했다. 꼭 애프터눈 티가 아니어도 스콘을 별도로 주문할 수 있다. 역시 스콘을 굽는 시간, 20분 남짓의 여유가 있는 손님에게만 스콘을 대접한다.

보편적으로 접했던 손바닥만 한 스콘을 떠올린다면, 미간에 굵직한 주름잡으며 실망할 수도 있다. 지름 4cm 정도의 아담한 스콘은, 한국에서 흔히 만났던 스콘에 비하자면 아주 작다. 이 익숙지 않은 모습 때문에 볼멘소리를 하는 손님도 간혹 있다고 한다. 원래 영국 정통 스콘은 작다. 미국 등으로 넘어가면서 많은 양을 먹는 그들의 음식문화에 맞게 변형된 것이다. 둥그스름한 모양이 정석인데 우리는 삼각형 혹은 사각형의 스콘을 더 많이 본다. 각지게 스콘을 만들면 반죽을 남길 일이 없다. 일부 제과점에서 그 모양을 선호할 수밖에 없는 것도, 정통 스콘을 만나기 어려운 이유 중 하나다. 마지막 3층 접시에는 달콤한 디저트 류가 준비된다. 푹신한 식감의 마카롱, 부드럽게 즐기는 짙은 맛의 치즈 케이크, 입 안에 넣음과 동시에 사르르 녹아 없어지고 마는 달콤한 생초콜릿이 올려져 있다.

애프터눈 티 세트는 예약제로 운영한다. 애프터눈 티뿐 아니라 요리와 사랑에 빠진 정영순 대표의 개성 있는 레시피로 만드는 피자, 파스타 등의 요리도 맛볼 수 있다. 때때로 와인 혹은 핸드드립 커피, 화과자를 배워볼 수 있는 클래스도 운영한다. 단순히 차만 마시는 곳, 수다만 떠는 곳에 그치지 않고 다양한 음식문화의 교류가 있는 장소로 나날이 발전할 것 같아 기대되는 곳이다.

카페는 차와 친구가 되는 곳이다

CAFE INFO

전화번호 | 02.883.3479 주소 | 서울 관악구 신림동 1516–10 2층 영업시간 | 12:00~23:00

"동목촌은 신선이 사는 곳입니다. 200m짜리 폭포가 흐르는데, 그 소리가 엄청나게 커요. 아열대 밀림 속에 원주민들이 왔다갔다하고요. 이만한 바위 사이 오래된 차나무에서 찻잎을 따요. 차밭이 아니라, 군락의 형태에요. 항상 운무, 구름 속에 싸여 있어요."

〈차연〉의 임석교 대표는 최초의 홍차로 알려진 '정산소종'을 내오면서, 동목촌에 대해 이렇게 설명했다. 그의 입을 통해 그려진 동목촌의 풍경이 눈앞에 펼쳐지는 듯 생생했다. 그곳으로 쏜살같이 달려가고 싶은 마음이 굴뚝같았다. 하지만 마음이 동한다고 무작정 동목촌으로 향할 수는 없는 일. 일단 찻상에 앉아 정산소종 한 잔을 머금고, 동목촌은 마음에 품어 두기로 했다. '언젠가는 중국 차밭 기행을 떠나고 말겠다'고 결심하고는 방랑벽을 간신히 다잡았다. 소나무에 불을 지펴 그 연기로 건조한 정산소종에는 소나무 향이 듬뿍 베어 있었다.

〈차연〉은 찻집 겸 사무실이다. 온라인 〈차연〉에서는 차와 차 관련용품을 팔고 오프라인 〈차연〉에서는 차를 내어준다. 임석교 대표는 누군가가 문을 열고 들어왔을 때, 손님이 왔다고 생각하지 않는다. '내 집에 누가 놀러 왔구나'라고 생각하며 손님을 대한다. 그의 마음가짐은 행동으로 고스란히 이어진다. 지인을 마주하듯 따듯하게 맞아준다. 그래서인지 〈차연〉에 가면 이상하리만큼 편안하다.

직접 차를 딴다고?

신림동 고시촌 사이에 숨어 있는 〈차연〉은 고시생이 아니고서야, 이 동네 주민이 아니고서야 일부러 찾아가지 않으면 안 되는 위치에 있다. 그럼에도 외부에서 찾아오는 사람이 끊이지 않는다. 20대부터 60대까지 연령층도 골고루다. 차 애호가가 주로 찾는다. 〈차연〉은 도매 상인에게 차를 공급하는 곳이기도 해서, 차 상인의 발길 또한 끊이지 않는다. 차에 대한 조예가 깊은 이곳 대표를 만나기 위해 많은 사람이 모여든다. 멀리서 찾아오는 사람이 적지 않아서 공식적인 영업시간은 11시까지지만, 1~2시를 넘기는 때가 잦다.

　임석교 대표는 차를 전공했다. 왜 차를 업으로 삼게 되었냐는 질문에, 찰나의 망설임도 없이 단출한 대답을 뱉었다. 운명인 것 같다고. 그는 한 해에 몇 달씩 이곳을 비우고 외국으로 나간다. 중국 안휘성 황산에 들러 녹차를 만나기도 하고, 기문현으로 가서 기문 홍차를 가져와 소개하기도 한다. 무이산으로 가서 대홍포를 살핀 후 동목촌으로 가서 정산소종 등을 만들어 오기도 한다.

　놀라운 것은 중국에 가서 몇 개월간 직접 차를 딴다는 것. 차밭에서 찻잎을 따는 사람들과 어우러져 찻잎을 따는데, 쉬는 시간을 빼고 하루에 12시간씩 꼬박 일한다. 송골송골 땀 흘려가며 딴 찻잎으로 직접 차를 만들어서 돌아온다. 족히 1,000년씩 된 오래된 차나무에 매달려 찻잎을 따고 있으면 나무들이 말을 걸어온단다. 나무들의 언어이니 무슨 말인지 알 길은 없지만, 오래된 세월 속에 파묻혀 홀린 듯이 차를 딴다고. 차를 발품 팔아 수입해 온다는 사람은 많이 봤어도, 직접 차를 따서 만들어 온다는 사람은 처음 봤다.

　〈차연〉은 잘 차려진 밥상에 코 박고 그저 먹기만 하면 되는 곳이 아니나.

우려다 주면 앉아서 차를 받아먹기만 하면 되는 여느 찻집과는 확연히 다르다. 직접 차를 우려 마실 수 있게 돕는다. 차를 제대로 우려서, 차를 즐겁게 신나게 즐길 수 있도록 가르쳐 준다. 차 도구를 다루는 방법, 차를 마시는 방법, 차를 대하는 마음까지 세세하게 일러준다.

독특한 점은 찻값은 따로 받지 않고 최소한의 이용료만 받는다. 보통은 철관음을 마시면 철관음 값을, 보이차를 마시면 보이차 값을 매기기 마련인데 이곳은 어떤 차를, 몇 잔을 마시든 이용료만 받는다. 차 마시는 시간이 길어지면 〈차연〉에서 직접 만든 다과를 내어주고, 오랫동안 마신다 싶으면 이뇨 작용으로 뱃속이 허해질 것을 배려해 밀크티를 끓여주기도 한다. "10종류 마셔도 화 안 내요!"라고 말하면서 껄껄 웃는 임석교 대표. 그의 인심에 가득 찬 곳간처럼 마음이 푸근해졌다.

차와 친구가 되는 법

〈차연〉의 테이블은 차를 우리기 위한 도구로 꽉 차있다. 널찍한 테이블 위에 차를 우릴 때 필요한 도구들이 잔뜩 놓여 있다. 차를 처음 접하는 사람이라면 충분히 '무엇에 쓰는 물건인고?' 하는 의문을 품을 만하다. 지레 겁을 집어먹을 필요는 없다. 차는 '매우 어려운 것'이라 치부해 버리는 것도 아주 섣부르다. 차를 다루는 방법은 차차 배울 수 있으니, 〈차연〉에 갈 때에는 열린 마음 하나만 두둑하게 챙겨가면 된다. 처음 가면 기본적으로 차를 우려 마시는 방법부터 알려준다.

테이블 위에는 찻주전자가 여러 개 놓여있다. 가장 이상적인 것은 하나

의 찻주전자에 하나의 차만 계속
우리는 것이지만, 무려 100여 가
지 이상의 차가 준비되어 있는 이
곳에서 찻주전자를 각각 분리해
서 쓰는 건 무리다. 열 댓개의 찻
주전자에, 비슷한 종류의 차를 지
속적으로 우려 마실 수 있도록 구
분했다.

　　실온에 놓인 찻잔은 차갑다. 여기에 뜨거운 물을 부으면 상대적으로 온
도가 떨어지면서 차 맛을 제대로 낼 수 없게 된다. 옆에 놓인 숙우를 이용해서,
잔 하나하나에 뜨거운 물을 부어 덥혀준다. 차를 마시기 전까지는 찻잔에 손을
대지 않고 집게를 쓴다. 집게를 길게 잡으면 손에 힘이 많이 들어간다. 때때로
손이 달달 떨리기도 해서, 찻잔을 떨어뜨릴 수 있으니 짧게 잡는다. 찻잔의 중
간보다 살짝 왼쪽으로 깊게 집어 흔들어도 떨어지지 않을만큼 확실하게 잡아
준다. 찻잔의 입 닿는 부분은 물에 잠기도록 해서 씻어준다. 뜨거운 기운에 소
독 효과도 있다.

　　예열이 끝나면 찻주전자 뚜껑을 연다. 뚜껑은 바닥에 놓지 말고 뚜껑 받
침에 놓아야 한다. 찻 수저로 찻주전자 안에 찻잎을 밀어 넣는다. 팔팔 끓인 물
을 가득 붓는다. 찻주전자에서 물이 흥건하게 넘치도록 부어도 상관없다. 〈차
연〉에서 쓰는 찻주전자는 자사호다. 중국 의흥에서 생산되는 자사라는 광물로
만든 호인데, 유약을 바르지 않고 구워서 만든다. 물이 가득한 찻주전자에 뚜
껑을 덮으면 불필요한 거품이 빠지고, 흘러나온 찻물이 자사호 위를 흐른다.

하루 이틀, 한 해 두 해, 찻물을 머금으면서 자사호의 색이 더욱 고와진다. 자사호 위에는 구멍이 뚫려 있다. 구멍을 막으면 물이 나오지 않는다. 한 방울도 남김 없이 알뜰하게 숙우로 옮겨 따른다.

첫 번째 우린 찻물은 마시지 않고 버린다. 그냥 버리지 않고, 그 찻물을 이용해서 찻잔에 향을 입혀준다. 찻물이 남으면 옆에 있는 차우에게 부어준다. 차우茶友, 말 그대로 차를 마실 때 벗이 되어주는 것들이다. 두꺼비, 강아지, 사과 등 모양이 다채롭다. 개중에는 물을 뿜어내 재미를 더하는 것도 있는데, 차가운 물속에 잠겨 있던 차우를 꺼내 뜨거운 물을 부어주면 힘찬 물줄기를 뿜어낸다. 뜨거운 물을 충분히 뿌린 직후 차가운 물에 15분 이상 담갔다가 꺼내서 더운물을 뿌리면 갑자기 팽창하면서 물을 뿜게 되는 것이다. 온도 차이가 클수록 물을 더 잘 뿜어내는데, 절묘한 위치에서 물이 나와 짱구가 쉬하는 장면을 연출하기도 한다.

주인이 앉는 자리에 앉은 사람은 정성껏 차를 우려서 대접하고, 손님이 앉는 자리에 앉은 사람은 내어준 차를 맛있게 마시면 된다. 차를 우리는 나를 매의 눈으로 지켜보고 있던 임석교 대표는 두 가지 동작을 한 번에 하려는 나를 말렸다. "한 번에 하나씩 하세요. 빨리해야 몇 초 차이랍니다." 날카로운 시선으로 살피면서, 다급한 태도를 바로잡아 주었다.

인생에 두 명의 진정한 친구만 만들어도 인생의 절반은 성공이라 했다. 이 중 하나를 차로 삼아도 좋을 것 같다. 차는 평생 곁에 두어도 좋을 만한 믿음직한 친구니까. 언제나 그 자리에서 한결같이, 맑고 고운 향기로 나를 차분하게 만들어줄 좋은 벗을 만나 어찌나 흡족한지 모른다. 차와 친구가 되는 법, 그리 어렵지 않다. 지금 〈차연〉으로 가보자.

카페는 청각장애인의 꿈이다

CAFE INFO

전화번호 | 02.3141.7456 주소 | 서울 종로구 누상동 166-127번지 영업시간 | 11:00~21:00

세종문화회관 맞은편에 서서 마을버스 종로 09번이 오길 기다린다. 아담한 덩치의 초록색 버스가 나타난다. 하나밖에 없는 문으로 몇 사람이 내리고, 내릴 사람이 다 내리고 나면 몇 사람이 버스에 올라탄다. 버스는 인왕산 방향으로, 좁고 구불구불한 골목을 따라 올라간다. 여섯 정거장을 지나면 종점이다. 내린다. 내가 평소 오가는 동선에서 한참 벗어난 곳. 이름도 생소한, 종로구 누상동이다. 버스를 타고 여기까지 온 이유는 딱 하나, 여기 세상에서 가장 따뜻한 홍차를 내놓는 찻집이 있기 때문이다. 버스정류장에서 내리면 작고 아담한 카페가 눈에 들어온다. 영어로 〈TEART〉라고 적힌 간판 아래, 노란 불빛이 환하게 밝혀져 있다. 홍차 전문가 박정동 대표가 운영하는 홍차 전문점 〈티아트〉다.

청각장애인의 꿈이 자란다

〈티아트〉는 홍차 전문가 박정동 대표가 이끈다. 홍차 브랜드 '딜마'의 한국 공식수입원인 티월드의 대표이기도 한 그가 청각장애인을 고용해 꾸려가는 사회적 기업이기도 하다. 그가 청각장애인을 고용하게 된 계기는, 인도에서의 특별한 경험 때문이다. 홍차의 주요 산지인 인도를 여행하던 중에 한 레스토랑에서 닭요리를 시켜 먹은 적이 있다. 동인도 콜카타의 어느 식당이었는데 적잖이 당황했다. 일하는 사람이 모두 청각장애인들이었다. 그들은 듣지도, 말하지도 못했다. 비장애인인 박정동 대표는 그들의 언어인 수화를 할 수 없었으니 큰일이다 싶었다.

결국, 손짓 발짓을 다 해 보이며 주문을 했다. 말을 하고 못하고,

홍차 브랜드, 딜마

들고 못 듣고는 문제가 되지 않았다. 그들의 해맑은 웃음을 보면서, 언젠가 내가 배운 홍차를 가지고 청각장애를 가진 사람들과 함께할 수 있는 공간을 만들어야겠다고 다짐했다. 그 레스토랑의 기억이 더욱 뭉클했던 건, 청각장애를 지녔던 어머니에 대한 애틋함 때문이었다. 그날의 짧고 강렬했던 경험이 〈티아트〉의 시작이었다.

청각장애인을 고용하는 게 처음부터 원활했던 것은 아니다. 그의 취지를 잘 알고 있으면서도 장애인을 잘 아는 사람들은 외면하기 일쑤였고, 심지어 정부 기관에서까지 의심의 눈초리로 바라보는 통에 '그만둘까?' 하는 생각을 수없이 했다. 수화를 하지 못했을 때, 40여 명을 만나 글로 인터뷰하는 것부터가 곤욕이었다. 일일이 종이에 펜으로 적고 읽은 다음 답변하는 것을 반복해야 했기 때문에 많은 시간을 투자해야 했다. 함께 할 직원을 찾는 것도, 홍차에 대해 하나부터 열까지 죄다 가르치는 것도 만만치 않았다. 온갖 어려움을 딛고

2009년 10월, 〈티아트〉가 세상에 빛을 보게 되었다.

큰돈을 벌게 해주는 것은 아니지만, 그보다 훨씬 값진 일들이 일어나고 있다. 이곳에서 일하는 청각장애인 장시승, 양준상 씨의 얼굴이 부쩍 밝아졌다. 자신감도 한껏 붙었다. 〈티아트〉에서는 세상과 소통하기를 간절히 바라는 청각장애인의 꿈이 무럭무럭 자라고 있다.

조금 특별한 언어

늦은 저녁에 찾아간 〈티아트〉에는 고요한 정적이 흘렀다. 문을 열고 들어갔더니 두 사람이 자리를 지키고 있었다. 두 사람 모두 청각장애인이다. 나를 보지 못했는지 약 3초간 기척 없이 하던 일을 하다가, 우연히 고개를 들어 내가 온 것을 발견하고는 웃는 얼굴로 맞아 주었다. "이쪽에 앉으세요."란 말 대신, 두 손을 써서 친절하게 자리를 안내했다. 그리고는 아이패드 하나가 손에 쥐어졌다.

전자 메뉴판 시대가 성큼 다가와서 종이로 된 메뉴판 대신 아이패드를 가져다주는 곳이 종종 있지만, 〈티아트〉에서는 최첨단을 걷는 시설을 뽐내기 위해 아이패드를 갖다 놓은 게 아니다. 듣지 못해도 주문받는 데 어려움이 없도록, 그들의 편의 그리고 손님과의 무난한 소통을 위해 들여 놓았다. 아이패드 메뉴판 안에는 손쉽게 주문할 수 있도록 사진과 함께 메뉴 목록이 말끔하게 정리되어 있다. 경우에 따라 "진하게 해주세요." 혹은 우유 추가, 설탕 추가 등의 옵션을 선택할 수 있도록 했다. "물을 주세요.", "냅킨 주세요." 등 카페에서 오갈 수 있는 일상적인 말들도 함께 담았다.

수많은 종류의 홍차 중 하나를 고르면, 2-4-3 법칙에 따라 홍차를 우려준다. 홍차 전문가인 박정동 대표가 고안했다. 홍차 2g, 물 400cc, 3분간 우리면 된다는, 알고 보면 쉽고 간단한 방법이다. 이 법칙은 진하게 우려 마시는 사람에게는 다소 밋밋할 수 있지만, 홍차를 처음 우려 마시는 사람이 적용하면 무난한 공식이다.

주문한 메뉴를 가지고 나올 때에는 차 이름이 적힌 작은 이름표를 함께 가지고 나온다. 홍차가 우려진 티팟과 따듯하게 예열 된 잔을 가지런히 놓아두고, 이름표를 곁들인다. 아이패드, 이름표, 따듯한 눈빛과 적극적인 행동. 한마디 말보다 더 따듯하게 느껴지는 이곳만의 언어다.

말로 설명할 수 없지만, 마음으로 느낄 수 있는 홍차의 깊은 맛을 전한다. 행복하게 일하는 그들의 열정을 바라보며 홍차 한 잔을 마시고 있노라면, 위로 한 모금이 목구멍으로 흘러들어 가슴이 뜨겁게 달구어진다.

홍차를 맛있게 우리는 방법

세계적으로 사람들이 가장 많이 마시는 건 단연 물이다. 그럼 그 다음으로 많이 마시는 음료는 무엇일까? 커피? 코카콜라? 맥주? 아니다. 홍차다. 물론 우리나라는 예외다. 녹차에 비교하면 홍차는 마냥 낯설어한다. 최근 들어 홍차를 전문적으로 파는 카페가 부쩍 늘었다. 홍차를 마시는 사람도 늘고 있는 추세지만, 여전히 홍차를 생소하게 느끼는 사람이 많다.

개중에는 홍차가 써서 싫다는 사람을 자주 본다. 제대로 우린 홍차를 맛보지 못했을 가능성이 농후하다. 잘못 우렸기 때문이 쓴 것이다. 홍차를 무척이나 좋아하는 나로서는 안타깝기 그지없다. 한 번 쌉쌀한 홍차를 맛보고 나면, '홍차는 내 입맛이 아니야!'라고 단정 짓는다. 결국 홍차와 일정한 거리를 유지하는 쓸쓸한 결과로 이어진다. 홍차 맛있게 우리는 방법! 제대로 알려줄 테니, 이번 기회에 홍차가 쓰다는 편견을 뿌리채 뽑아보자. 잎차를 우릴 때 필요한 도구부터 홍차를 맛있게 우리는 방법까지, 차근차근 읊어 보겠다.

1. 차 우리는 데 필요한 도구를 준비한다 _ 홍차를 우릴 티포트 준비한다. 우려낸 차를 따를 찻잔, 찻잎을 걸러낼 스트레이너도 필요하다. 그리고 휴대 전화를 곁에 둔다.

2. 따듯하게 예열한다 _ 커피도 그렇지만 홍차도 온도에 민감하다. 뜨거운 물로 티포트와 찻잔을 미리 덥혀둔다.

3. 찻잎은 퐁당, 물은 콸콸 부어준다 _ 예열 된 티팟에 찻잎을 넣고 물을 붓는다. 찻잎의 양과 물의 양은 본인의 기호에 따라 달리 한다. 단번에 본인의 기호를 알아내는 건 쉽지 않다. 몇 차례 물의 양을 조절하면서, 내 입

맛에 착 감기는 물의 양을 찾아야 한다. 사람들의 기호는 대부분 3g당 200mL~400mL 사이를 오간다. 이왕이면 힘차게 부어주는 게 바람직하다. 힘찬 동작으로 물을 부으면, 찻잎이 위아래로 점핑하면서 더욱 잘 우러나도록 돕는다.

4. **얌전히 기다린다** _ 휴대 전화를 꺼내 들고 시간을 잰다. 홍차가 써지는 가장 큰 이유는 너무 오래 우렸기 때문. 원하는 농도에 따라 3분~5분 정도, 휴대 전화를 째려보며 기다린다. 실내 온도가 찬 겨울에는, 보온을 위해 티코지로 티팟을 덮어 온도를 유지하기도 한다.

5. **찻잔에 따라서 맛을 본다** _ 정해진 시간이 지나면 찻잎을 스트레이너에 걸러 찻잔으로 옮긴다. 혼자 300mL를 마실 경우 그대로 두면 떫어질 수 있으니, 찻잎을 걸러 다른 티팟으로 옮겨두면 농도의 변화 없이 마실 수 있다.

세상에는 일일이 헤아릴 수 없을 만큼 많은 차가 존재한다. 그 중 내가 맛있다고 느끼는 차가 가장 맛있는 차다. 겨우 몇 가지의 차를 접하고 차는 내 입맛이 아니라고 치부해 버리기엔, 차의 세계는 매우 넓고 깊으며 오묘하다.

그간 홍차와 다정하게 지내지 못했다면 이제라도 가벼운 마음으로 홍차를 접하고 즐기면서 내 입맛에 맞는, 내가 좋아하는 홍차를 찾아보면 어떨까? 좀 더 여유롭고, 지금보다 풍요로워질 삶을 위하여.

 할머니의 진심이 담긴 차 **반짝반짝 빛나는**

카페는 약차다

CAFE INFO

전화번호 | 02.738.4525 주소 | 서울 종로구 관훈동 6 2층 영업시간 | 10:00～23:00

진심으로 만드는 차

“아침이면 항상 거기 들러서 차를 가지고 와요.” 할머니는 매일 아침 차를 묻어둔 정릉에 들른다. 토속적으로 발효하기 위해 땅속에 묻어둔 차를 가지러 가는 것이다. 필요한 만큼 챙겨서 할머니가 꾸려가는 인사동의 찻집으로 가져온다. 할머니가 내어주는 차는 기교 없이 소박하다. 외갓집에 가면 외할머니가 내어주던 음식과 참 많이 닮았다. 차를 만들 때 쓰는 재료는 산지에서 농사짓는 사람에게 직접 산다.

차를 만드는 데 특별한 비법이 있느냐고 여쭈었더니 “옛날 방식을 그대로 따른 것뿐, 특별할 게 없어요.”라는 단출한 대답이 돌아왔다. 그저 옛날 우리 할머니가 손자 손녀에게 음식을 내어주는 그 마음, 내 새끼 먹이려고 만들던 그 진심 어린 마음 하나 담아주는 것이란다. 할머니의 대답이 간단한 것은 어찌 보면 당연하다. 옛날에는 일상적으로 이런 것을 만들어 먹었으니, 차 만드는 법이야 자연스럽게 손에 익었을 것이고. 거기에 정성과 진심을 보태 내놓는 것이다.

산마와 검은깨, 약콩을 말려서 낸 가루로 만든 스무디, 3년 이상 숙성된 원액을 넣은 매실차, 제철에 딴 탱글탱글한 오미자 열매로 만든 오미자차, 아삭아삭한 유자가 씹히는 얼음 위에 계절 과일을 듬뿍 얹은 유자 빙수. 메뉴판 어디에도 정성 들이지 않은 것은 찾아볼 수 없다. 스무디나 빙수처럼 찬 것을 낼 때는 탈이 나지 않도록 따뜻한 연차를 함께 내어준다.

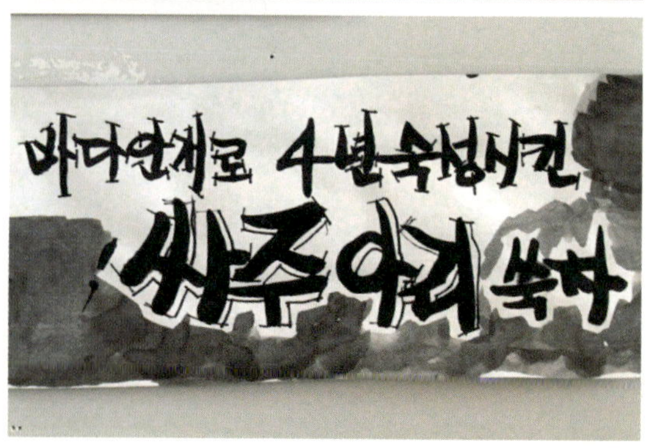

• 산마 검은깨 스무디
•• 쑥 차

약이 되는 차

〈반짝반짝 빛나는〉에 가면 언제나 마음이 푸근하다. 할머니가 마치 외갓집에 놀러 간 것 마냥 반겨주기 때문이다. 할머니는 웃는 모습이 참 곱다. 한때 뽀얗고 팽팽했을 얼굴에 삶의 향기와 깊이, 지혜가 깃들어 몇 가닥의 굵직한 주름이 잡혔지만 그 모습이 참 우아하고 자연스럽다.

할머니는 2008년, 찻집을 연 이후로 단 한 번도 가게 문을 닫은 적이 없다. 살다 보면 별의별 일이 다 있기 마련이라, 몇 차례 닫았을 법도 한 데 비가 오나 눈이 오나 한결같다. 새해를 맞이하는 설도 여기서 쇠고 풍성한 한가위도 여기서 맞는다. 쉼 없이, 악착같이 돈을 벌겠다는 심정으로 문을 여는 건 아니다. 단 한 명의 손님이라도, 이곳을 찾은 손님이 허탕치며 발길을 돌리지 않도록 하려는 따듯한 마음이다. 덕분에 할머니는 수년간 아침 9시까지 집에 있어 본 적이 없단다.

규칙적으로 생활하고, 웃는 낯으로 사람을 대하는 것. 일흔을 넘긴 연일 할머니가 나이보다 족히 십 년쯤 젊어 보이는 이유 아닐까. 비결은 그뿐만이 아니었다. 할머니는 소곤소곤 작은 목소리로 "건강을 책임져 주는 차가 따로 있어."라면서 쑥 차 한 잔을 내어 디밀었다. 얼굴이 비쳐 보이는 검은 액체가 한 사발이었다. 꼭 한약 같아서 코를 바짝 갖다 대고 킁킁거렸다. 쑥의 향긋함과 함께 한약같이 쌉싸래한 향이 솔솔 올라왔다. 꼭 뜨거울 때 쭉 들이켜야 한다는 할머니의 성화에, 한 사발을 뚝딱 해치웠다. 시간이 좀 지나자 몸에 온기가 확 퍼지면서 얼굴이 화끈거렸다. 차가웠던 손발이 따듯해졌다. 〈반짝반짝 빛나는〉의 쑥 차는 강화도의 씨주아리 약쑥으로 만든다. 오월 단오에 한 번 잘

라내 짭짤한 바다 안개 쏘여주며 해풍에 말린다. 여기에 함초, 대추, 홍화를 넣고 20시간 이상 달여 수년간 숙성한다. 이렇게 만들어진 쑥 차는 몸 안에 독소를 제거하는 데 도움이 된다. 온몸에 온기와 생기를 불어넣어 주는 기특한 차다. 몸에 좋은 약이 입에는 쓴 법, 입에는 쓰지만 건강에는 그만이다.

반짝반짝 빛나는

할머니는 인사동 거리를 좋아하고, 고궁 거니는 것을 좋아한다. 찻집을 열기 전 인사동을 오가며 아쉬운 점이 있었다고 한다. 한 집 걸러 한 집이 찻집이어서 찻집 수는 헤아릴 수 없이 많은데, 막상 들어가려 하면 제대로 된 차를 내놓는 곳이 그리 많지 않았다는 것이다. 그때는 '더 잘할 수 있을 텐데 왜 이렇게 할까?' 싶어서 안타까운 마음이 앞섰는데, 몇 년 동안 찻집을 운영하면서 그들의 마음을 이해할 수 있게 되었다. "먹고 사는 걸 생각하면, 그들이 옳았어요."

할머니는 농부들이 토종으로 기른 것들만 골라 쓰다 보니, 세무서에 제출할 수 있는 영수증을 받을 길이 없다. 결국 사용한 내용은 거의 없고 매출만 남으니 세금에 치이고 만만치 않은 임대료에 인건비 등을 제하고 나면, 찻집을 유지하는 게 버겁다. 한 번은 세무서에 따져도 보았단다. 사정은 충분히 이해하겠지만, 달리 손쓸 방법은 없다는 답변을 들어야 했다.

"조상 대대로 내려오는 방법을 유지해 나가고 싶어요. 그게 우리나라에 사는 할머니의 몫이 아닐까요?" 녹록지 않은 와중에도 소신을 잃지 않고 반짝반짝 빛나려는 노력을 아끼지 않는 할머니를 보면서, 캄캄한 어둠 속 꽁무니를 반짝거리는 반딧불이 같다는 생각을 했다. 언제까지나 반짝반짝 빛이 나기를.

카페는 생기 넘치는 삶이다.

CAFE INFO

전화번호 | 02.722.5526 주소 | 서울 종로구 삼청동 11-5 영업시간 | 12:00~23:00

10년 차 직장인, 차의 세계에 발을 들이다

밤 12시에 가까워지는 시곗바늘, 온종일 힘겹게 철로 위를 달리는 전철 안. 종점이 가까워질수록 사람이 적어진다. 모두 궁둥이를 붙이고 앉아 있다. 양옆으로 눈을 굴리며 사람 구경하기 좋을 때다. 마치 그림자처럼 늘 붙어 다니는 휴대전화를 만지작거리는 사람, DMB로 TV나 영화를 보면서 연신 키득거리는 사람, 무용수가 가랑이를 찢어 보이듯 책을 쫙 펼쳐 놓고 꾸벅꾸벅 조는 사람, 커다란 머리로 남의 어깨를 짓누른 채 곤히 잠든 사람, 그 옆에서 오만상을 다 찌푸리고도 깨우지 못해 안절부절못하는 친절한 금자씨도 있다.

모두가 피곤함에 절어 있다. 눈그늘을 무릎까지 드리운 채 기진맥진해 있다. 마치 집에 가자마자 쓰러져 죽을 것처럼 뻗었다. 늦은 밤, 전철 의자 위에 녹아내리듯 축 늘어져 있는 사람들을 보면 입에서 쓴맛이 난다. 무미건조한 삶이 나를 삼켜버릴 것 같은 기분이다. '이렇게 살아도 되는 건가?' 싶은 생각이 든다. 수년 전 〈사루비아 다방〉의 김인민 대표도 같은 고민을 했다. 인천에서 서울까지 출퇴근하며 전철에서 일상에 찌든 삶들을 수없이 만났다. 그리고 생각했다. '생기있는 삶을 살고 싶다'고. 그녀는 10년간 해온 문화콘텐츠 일을 그만 두고 회사를 나왔다.

무슨 일을 해야 할까, 궁리하다가 고민 끝에 택한 것이 차였다. "어릴 때부터 부모님의 영향으로 늘 차를 곁에 두고 살았어요." 이런 것과는 거리가 멀다. 처음에는 차를 쉽게 생각했다. 수입해서 팔면 되는 거겠지, 하고 쉽게 접근했다. 물론 현실은 달랐다. 현대적으로 차를 재해석해서 팔려면 전통을 모르고는 안되는 일. 일단 전통 다례를 1년 정도 배웠다. 이후 세계의 다원을 찾아다

니면서 눈으로 보고 맛보며 차를 겪었다. 차에는 상상보다 더 많은 이야기가
얽혀 있었다. 화수분처럼 퐁퐁 샘솟는 이야기, 질리지 않을 만큼 끝없는 이야
깃거리가 매력적이었다. 수십 년 혹은 수백 년 씩 가업으로 이어온 사람들처럼
차를 키울 수는 없겠지만, '그 사람들의 차를 합리적인 가격에 가져다 팔 수는
있겠구나!'하는 생각을 품고 본격적으로 차 사업에 뛰어들었다.

발품 팔아서 일구어낸 티 브랜드 〈사루비아 다방〉

지금은 간단히 전화와 팩스로 차를 주문할 수 있게 되었지만, 〈사루비아 다방
〉을 처음 일구었을 때는 일일이 발품을 팔아야 했다. 현지에 가서 낱낱이 살피
고 직접 맛을 본 뒤, 차를 들여왔다. 차를 고르는 기준이 궁금했다. 그녀는 언

젠가 와인 도매상인들의 모임에 다녀왔던 이야기로 입을 뗐다. 상인들은 바디감이 어떻고 탄닌감이 어떻고 하는 것보다 맛을 보고 맛있으면 가져온다는 속내를 털어 놓았다. 차도 마찬가지다. 이제 차 맛을 조금 알 것 같다는 그녀는 차의 상태를 직접 확인하고 마셔본 다음, 우리나라 사람들의 입맛에 맞을 만한 차를 골라 들여온다.

차를 들여오는 과정에서 별별 일을 다 겪었을 것 같다. 기억에 남는 에피소드가 없느냐고 물었더니, 씽긋 웃으면서 수년 전에 겪은 이야기를 들려주었다. 〈사루비아 다방〉을 열기 한참 전, 정보를 찾고 공부하던 때의 일이다. 차를 참 잘 만드는 미국 중소기업의 차가 탐났다. 그곳의 차를 들여와 볼 요량으로 샘플을 보내달라는 요청을 했다. 그런데 웬걸? 콧방귀도 뀌지 않았다.

별 수 없었다. 반 포기 상태였다. 그 회사를 뒤로하고 시장 조사를 위해 미국으로 건너갔다. 지금은 유명해 졌지만, 당시에는 그리 북적거리지 않았던 샌프란시스코의 한 카페를 찾았다. 제법 괜찮은 차를 내는 곳이어서 매니저와 이야기를 나누고 싶었지만, 이런저런 이유를 대며 불러주지 않았다. 그녀는 굴하지 않고 매일 찾아갔다. 한날은 마가렛 꽃을 선물로 샀는데, 마침 그날 매니저를 만날 기회가 생겼다. 신기하게도 그 매니저가 가장 좋아하는 꽃이 마가렛 꽃이었다. 덕분에 원만하게 매니저와 대화를 나눌 수 있었고, 이후 일정을 마치고 한국으로 돌아왔다.

얼마 후, 거들떠보지도 않던 미국의 그 중소기업에서 연락이 왔다. 알고 보니 샌프란시스코의 그 카페 매니저와 눈독 들였던 중소기업의 차 중개인이 친구였던 것. 친구인 카페 매니저에게 이야기를 많이 들었다면서, 선뜻 차를 주겠다며 연락을 해왔다. 신통방통한 우연이었다. 이런 걸 보면, 인연이란 게 있긴 있나 보다.

차 한 잔으로 찍는 일상의 쉼표

미스 김이 뛰어나와 반갑게 맞아주는 지하 혹은 2층의 다방만 다방이 아니다. 삼청동 메인 로드에서 한 블록 안으로 들어간 골목길의 차 마시는 곳, 사루비아 다(茶)방 또한 다방이다. 다방은 찻집 이름에 넣기에 더없이 적절하다. 조선 시대에 차와 술에 관한 일을 하는 관청이었다. 옛날 다방 이름을 뒤적거리다가 〈사루비아 다방〉이 있었다는 사실을 발견했다.

가정집을 고쳐 만든 1층에 자리 잡아, 늘 사람이 끓어 넘치는 메인 로드와는 다르게 한적하다. 웬만해서는 조용한 분위기를 유지한다. 한쪽 벽면은 찻

잎으로 가득하다. 투명한 유리병 안에 흑차, 홍차, 청차, 황차, 녹차, 백차, 모양도 빛깔도 제각각인 찻잎이 담겨 있다.

문앞에 보이는 큰 테이블, 두 명이 마주 보고 앉을 수 있는 작은 테이블, 그리고 많은 사람의 사랑을 독차지하는 단 하나뿐인 좌식 테이블이 놓여 있다. 따듯해 보이는 조명 아래, 나뭇결이 드러나 있는 테이블과 파스텔 색조의 빛 고운 쿠션이 조화롭다. 안쪽으로 들어가면 단체를 위한 혹은 숨어 있고 싶은 커플이 반길법한 아늑한 공간도 마련되어 있다. 뜨겁게 혹은 차게 우려낸 차와 함께, 고소한 냄새를 풍기며 구워내는 티푸드를 맛볼 수 있다. 스콘이나 브라우니, 셔벗 등 단품 메뉴로 고를 수 있고, 세트 메뉴를 주문해 나른한 오후의 넉넉한 티타임을 즐길 수도 있다.

애프터눈 티 세트는 두 가지다. 스콘, 브라우니, 샌드위치, 쿠키가 나오는 클래식 애프터눈 티 세트와 따끈하게 찐 떡, 앙증맞은 모양의 상투과자, 호두 말이 곶감, 양갱이 나오는 오리엔탈 애프터눈 티 세트가 있다. 오리엔탈 애프터눈 티는 다른 곳에서는 좀처럼 볼 수 없는 메뉴다. 워낙 생소해서 사람들이 즐겨찾는 메뉴는 아니다. 그럼에도 유지하고 있는 이유는 클래식 애프터눈 티의 스콘과 샌드위치 등은 홍차와 어울리지만 미묘한 맛의 백차, 녹차 등과

는 어깨를 나란히 하기 어렵기 때문이다. 차에 맞는 티푸드를 내놓는 것이 옳다는 신념으로 오리엔탈 애프터눈 티를 이어가고 있다.

차를 주문하면 다구를 정갈하게 준비해서, 노련하게 차를 우려 내는 김인민 대표. 그녀는 무엇이든 빨리빨리 해야 직성이 풀리는 한국에서 차를 마시는 사람을, 프랑스 시인 보들레르에 빗대었다. 보들레르는 대도시에 대한 환멸의 상징으로, 보란 듯이 거북이와 도시 산책을 나섰던 인물이다. 대도시 서울에서 차를 마시는 건, 거북이와 산책하는 것과 다르지 않다.

〈사루비아 다방〉에 머물며, 나도 생기 있는 삶을 살고 싶어졌다. 오늘만큼은 바쁜 일상에 잠시 쉼표를 찍고, 따듯한 차 한 잔 챙겨 마셔야지.

1. 반짝반짝 빛나는 화장실

간혹 청결하지 않아 시골 푸세식 화장실에서 날 법한 냄새를 솔솔 풍기거나, 귀신이 나와서 빨간 휴지 줄까? 파란 휴지 줄까? 물어볼 것 같은 음침한 화장실도 있다. 화장실 또한 카페의 일부다. 청결은 기본 중의 기본이요, 세심하게 신경 쓴 티 팍팍 나는 화장실이 좋다.

수압이 너무 약하면 곤란하다. 이건 해결하기 쉽지 않은 문제이므로, 사람들이 이 사실을 알 수 있도록 미리 메모해두는 센스를 발휘하자. 내려가지 않는 물을 시무룩한 표정으로 바라보며, 화장실에 마냥 갇혀 있고 싶지 않다.

휴지가 없어도 곤란하다. 뱃속에서 무언가가 탈출하겠노라고 아우성치는 바람에 급하게 달려갔다가 휴지가 없으면 낭패. 일행에게 휴지를 가져오라고 전화해야 하는 난처한 상황은 생각만 해도 별로다. 수시로 점검해서 손님이 화장실에서 나오지 못하는 불상사를 겪지 않도록 하자.

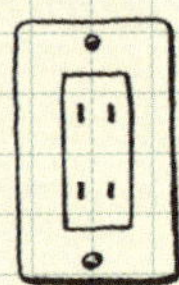

2. 콘센트가 있으면 무조건 명당!

카페의 新 명당자리, 어디일까? 콘센트를 쓸 수 있는 자리다. 요즘은 전자제품 하나 손에 쥐지 않은 사람이 드물다. 순식간에 사라지는 스마트폰 배터리 충전을 위해서라도, 콘센트가 있는 자리는 일단 사수해야 마땅하다. 스마트폰은 기존 휴대전화보다 배터리 수명이 짧다. 회사, 식당, 지하철 플랫폼, 심지어 공공화장실의 비데나 핸드 드라이어를 꽂는 콘센트까지! 가릴 것 없이 콘센트만 보이면 자석에 쇠붙이 들러붙듯 충전하려 드는 모습을 어렵지 않게 만날 수 있다. 카페도 예외는 아니다.

카페 주인 측면에서 보자면, 콘센트에서 전기를 쪽쪽 뽑아먹으면서 오래 죽치고 앉아 있는 사람들이 못마땅할 수도 있다. 손님 측면에서 콘센트는 다다익선! 많으면 많을수록 좋다. 커피 전문점 카페베네가 스타벅스, 커피빈을 누를 수 있었던 이유는 여러 가지겠지만 기존 커피 전문점이 인색하게 굴었던 콘센트를 많이 설치했던 것도 크게 작용했을 것이다.

3. 주인이 있었으면 좋겠다.

영업시간 내내 주인이 붙어 있을 수는 없는 일, 주인에게도 사생활이 있다. 그 자리를 지키고 있지 않더라도 주인의 감각, 소신이 묻어나는 카페가 좋다. 나아가 꺾으려 해도 절대 꺾이지 않는 반듯한 철학까지 있다면 더할 나위 없이 좋다. 돈만 삭삭 발라서 짜잔~ 오픈해 놓고 주인은 카페에, 카페 일에 코빼기도 비치지 않는 곳에는 좀처럼 발길이 닿지 않는다.

4. 편안한 의자

엉덩이에 각질 것 같은 위기감이 엄습해오는 딱딱한 의자에 앉아 있는 건 곤욕이다. 수다스러운 나는 한 번 카페에 주저앉으면 2~3시간 동안 쉼 없이 떠들기 일쑤인데, 단단한 의자에 앉아 있다가 일어나면 온몸이 뻐근해져 삭신이 쑤신다. 가장 편안한 의자는 단연 푹신푹신한 소파가 최고다.

너무 작은 의자는 난감하다. 간혹 엉덩이 두 쪽을 걸치라는 건지, 반쪽만 걸치고 앉아 있으라는 건지 모호할 만큼 작은 의자가 놓인 카페를 보면 미간에 굵직한 주름이 잡힌다. 등받이 없는 의자도 최악. 그럴 거면 차라리 공간 차지하는 의자를 모조리 치워버리고, 방석과 담요를 갖다 놓는 좌식 공간을 마련해 달라.

5. 배고픔을 잊을 수 있는 먹을거리

카페에서 차만 홀짝이고 있으면 뱃속이 허전할 때가 있다. 이럴 때 간단히 끼니를 해결할 수 있는 브런치 메뉴나, 디저트가 있으면 배고픔을 면할 수 있다. 세상만사가 귀찮게 느껴지는 귀차니즘에 시달리고 있다면 더없이 유용하다. 무거운 궁둥이를 어렵사리 의자에서 떼고, 단지 먹기 위해 자리를 옮기지 않아도 되니까. 손님은 굶주린 배를 채울 수 있어서, 주인은 커피만 파는 것보다 두둑한 매출을 올릴 수 있어서 양쪽 모두 방긋 웃을 수 있다.

3

카페는
여유롭다

카페는 슬로우 푸드 아점이다

CAFE INFO

전화번호 | 02.3143.5525 주소 | 서울 마포구 동교동 163-9 5층 영업시간 | 11:00~23:30
(슬로비답게, 일요일에는 쉰다. 4월부터 11월까지는 매월 첫째 월요일에 농부 체험을 떠난다. 방문시 참고할 것!)

아침과 점심 사이 늦은 아침 식사를 뜻하는 '브런치'. 우리에게는 브런치에 앞서 귀에 익숙한 단어, '아점'이 있다. 브렉퍼스트 Breakfast와 런치 Lunch를 더한 브런치 Brunch나, 아침 식사와 점심을 더한 아점이나. 어감은 좀 다르지만, 결국 그게 그거다. 브런치를 먹을 때 꼭 영화 〈섹스 앤 더 시티〉에 나왔던 캐리와 친구들처럼 포크와 나이프를 들어야 할 이유는 없다. 여기는 한국이니까. 브런치를 반드시 양식으로 먹어야 한다는 건 고정관념 아닐까. 브런치 메뉴, 밥으로 골라보자. 이왕이면 건강과 사람, 문화까지 생각하는 기특한 밥상으로!

그때그때 달라요, 그때그때 밥상!

〈카페 슬로비〉, 그곳에 가면 '그때그때 밥상'이 있다. 반지르르 윤기나는 밥 한 그릇에 따끈한 국, 신선한 샐러드와 맛깔스러운 세 가지 반찬으로 구성된 실한 밥상이다. 엄마가 정성과 사랑을 담뿍 담아서 만들어주는 것 같은 소박한 가정식이다.

바깥 밥에 질릴 대로 질린 도시인, 따듯한 집 밥이 그리운 자취생에게 이보다 맛깔스러운 밥은 없다. 게다가 이름처럼 그때그때 다른 메뉴를 선보여 날마다 다른 반찬이 상에 오르니 '무엇을 먹어야 할까?' 고민하지 않아도 된다. 이날은 고슬고슬하게 지은 현미밥, 두부를 넣어 담백하게 끓인 북엇국, 데친 양배추, 짜지 않고 구수한 된장 한 종지, 새콤달콤한 동치미, 아삭한 채소와 어묵볶음, 버섯볶음이 상에 올랐다.

'그때그때 밥상'은 번거로워도 음식재료를 해당 지역에서 직접 가지고 온다. 여건이 따라주지 않아서 100% 친환경으로 준비할 수는 없지만, 가능한 한 건강하고 정직한 밥상을 차리려고 노력한다. 유기농, 제철에 나는 재료를 지역의 작은 농가에서 가져오는 게 쉽지만은 않다. 때로는 미리 준비해 둔 음식재료가 바닥나서 근처 농협으로 잽싸게 달려가야 하는 일도 벌어지지만, 지금의 방식을 꾸준히 이어갈 참이다.

잎채류는 경기도 이천의 '콩세알 나눔마을'의 권순호 농부의 손에서 나온다. 자연을 거스르지 않는 농업 방식으로, 마음 다해 다독이며 기른 농산물을 얼굴 아는 농부가 수확해서 보낸다. 경상남도 거창의 '쌀농부'에서는 싱싱한 유정란을 공급한다. 전라남도 강진의 사회적 기업 '콩새미'에서는 약선 된장을 받는다. 다산 정약용이 18년 동안 유배 생활을 하면서 개발한 약초로 담근 특별한 된장이다.

정직하게 차린 슬로우 푸드 건강 밥상, '그때그때 밥상'. 아점으로 먹기에 나무랄 데가 없는 든든한 밥상이다. 여유롭게 밥 한 끼 챙겨 먹을 겨를도 없이 숨 가쁘게 사는 현대인의 고픈 배뿐 아니라 삶의 허기까지 두둑이 채워준다.

까페슬로비

도시 안에서 조금은 천천히, 건강하게
다양한 문화와 사람들을 위한
커뮤니티 공간 '까페 슬로비'

'까페 슬로비의 대표메뉴, 그때그때밥상
집밥이 그리운 도시인들을 위한 돌봄밥상
먹을 수록 몸이 좋아지는 건강한 밥상
직거래 농가에서 온 신선한 재료로 차리는 맛있는 밥상

저녁에는 몸에 좋은 우리 술과 맛있는 안주도 맛보실 수 있습니...

조금 느리게 걷고, 함께 더불어 살고.

〈카페 슬로비〉는 요리, 사람, 문화를 생각하는 사회적 기업 '오가니제이션 요리'에서 태어났다. 한영미 대표는 상대적으로 진입 장벽이 낮은 요리를 누구든지 쉽게 접근할 수 있는 평등한 사업으로 보았다. 퇴직금을 손에 쥐면 식당이나 카페 창업을 한 번씩은 고려해 보지 않던가. 사회적 취약 계층이 쉽게 다가갈 수 있는 사업, 요리만큼 적절한 게 없었다.

반쯤 오픈된 주방을 들여다보면 국적도, 나이도 다양한 사람들이 같이 일한다. '오가니제이션 요리'에서 3년 이상 일한 러시아에서 온 알료나 씨는 러시아 쿠키 '담스키에발츠키'를 굽고 커피를 만든다. '오가니제이션 요리'의 청소년을 위한 요리교육사업 프로그램인 '영셰프'에 참여하는 청소년도 함께다. 1년 트레이닝의 교육과정을 거친 후 이곳에서 인턴십을 경험하며 빛나는 미래를 준비하고 있다. 이제 브라우니와 오트밀 쿠키의 달인이 된 나비 씨는 정신지체 3급이지만 제 몫을 훌륭하게 해내며 슬로비에 없어서는 안 될 미친 존재감이 되었다.

〈카페 슬로비〉에는 도시 속에서 천천히, 더 나은 삶을 꿈꾸며 사는 사람들이 모여 있다. 카페 이름도 천천히 그러나 더 훌륭하게 일하는 사람Slower But Better Working People을 의미하는 신조어, 슬로비Slobbie에서 나왔다. 〈카페 슬로비〉에서 추구하는 건, 단지 속도의 느림만을 뜻하지 않는다. 도시에서 천천히 사는 방법을 찾고, 뜻 깊은 일을 서로 나누어가며 소통하는 삶을 향해 나아간다.

모토도 남다르다. '남에게 의지하며 살자'는 것. 어차피 혼자 살아갈 수 없는 세상, 각박하게 살지 말고 더불어 살자는 메시지를 전한다. 이들은 부족한 게 있으면 남에게 기대 도움을 청할 줄 알고, 내가 도울 수 있는 게 있다면 흔쾌히 도와가며 서로에게 의지하며 지낸다.

카페 한쪽에는 그런 취지를 한껏 담아낸 에코 샵을 운영한다. 건강한 토양에서 자란 면화로 만든 곰 인형(네모의 꿈), 캄보디아의 자생 식물로 천연 염색한 스카프(고엘), 폐가죽을 활용해서 만든 카드 홀더(에코팜므), 장애인이 만든 천연비누(샘크레프트) 등의 물건을 진열해 공존, 공생하며 살길 원한다.

안쪽에는 가정집의 부엌을 그대로 옮겨놓은 듯한 주방이 있다. 그 안에서는 다채로운 모임을 연다. 혼자 밥 먹는 외로운 사람들을 위해 한 테이블에 둘러앉아 밥을 지어 먹는 따듯한 워크숍을 기획하기도 하고, 세계 여러 나라의 요리와 문화를 경험하며 이해의 폭을 넓혀가는 특별한 프로그램도 운영한다. 이 많은 이야기들을 그때 그때 담는 잡지, 〈슬로비 생활〉에 격월간으로 소개하고 있다.

건강한 삶을 꿈꾸는 사람들의 네트워크, 〈카페 슬로비〉. 조촐하고 평범한 '그때그때 밥상'을 앞에 두고 있으면, 그 한 상을 차리기 위해 노력한 사람들이 어렴풋이 머릿속을 스친다. 밥 한술을 뜨면서 마음이 따듯해지는 건, 비단 나만은 아닐 것이다.

카페는 푸짐하게 먹는 브런치 뷔페다

CAFE INFO

전화번호 | 02.518.7596 주소 | 서울 서초구 반포동 88-1 우덕빌딩 1층
영업시간 | 평일 10:00~03:00 주말 09:00~03:00 (브런치 뷔페 기준)

서래마을은 서울 서초구 방배본동과 반포 4동 일대에 자리 잡은 동네다. 반포천의 개울물이 서리서리 굽이쳐 흐른다고 해서, 우리말로 서릿개 혹은 서릿마을이라 불리던 곳이다. 1985년, 한남동에 있던 주한 프랑스 대사관 학교 '에콜 드 프랑세'가 이곳으로 이사오면서 프랑스 사람들이 모여 살기 시작했다.

자녀 교육을 중요하게 생각하는 프랑스인이 초등학교부터 고등학교까지 있는 이 학교 주변으로 거주지를 옮겼다. 자연스럽게 프랑스인촌으로 굳어져 갔다. 프랑스 기업이 한국에 진출하면서 서래마을에는 더 많은 프랑스인이 살게 되었다. 우리나라에 사는 프랑스인 가운데 절반가량이 여기에 둥지를 틀었다. 작은 프랑스를 뜻하는 '쁘띠 프랑스', '한국의 몽마르트르'란 별명이 전혀 어색하지 않은 이유다.

여기서는 프랑스 국기를 심심치 않게 볼 수 있다. 걷다가 발아래를 살펴도 프랑스의 색채가 진하게 묻어난다. 빨간색, 하얀색, 파란색이 더해진 프랑스 국기 색깔로 보도블록을 깔았다. 간판에는 한글과 프랑스어를 함께 써놓은 곳이 눈에 띄고, 거리에는 프랑스인이 즐겨 먹는 빵을 파는 가게와 와인 숍이 늘어서 있다. 이국적인 매력이 넘치는 서울 도심 속의 프랑스, 서래마을이다.

브런치도 뷔페로 취향에 맞게, 양껏!

서래마을이나 이태원처럼, 외국인이 많이 오가는 지역에 빠지지 않는 게 있다. 바로 브런치. 서래마을도 예외는 아니어서 브런치로 이름난 곳이 여럿 있다. 개중에서 브런치 뷔페로 소문난 곳이 여기 〈스토브〉. 평일은 아침 10시부터, 주말에는 내게 꼭두새벽에 해당하는 9시부터 브런치 뷔페를 연다. 오후 3시까

지 브런치 뷔페로 운영하고, 브레이크 타임을 가진 다음 6시부터는 다이닝이다. 브런치는 평일에 가는 게 좋다. 주말의 걷잡을 수 없는 번잡스러움을 피할 수 있고, 주말보다 평일 브런치가 착한 가격이다. 주말 메뉴가 좀 더 실하긴 하긴 하지만.

〈스토브〉 안으로 들어가면 일단, 궁둥이 붙일 자리부터 물색해야 한다. 쭉 둘러봐야 별 소용없을 때가 흔하다. 예약하지 않았다면, 마음에 든다 싶은 자리는 나 말고 다른 주인을 기다리고 있을 테니까. 테이블이 정해지면 의자를 박차고 일어나 음식이 있는 쪽을 향해 저벅저벅 걸어가면 된다.

침샘을 자극하는 음식이 풍성하게 차려져 있다. 커다란 접시를 집어 걸신들린 듯 이것저것 쓸어 담는다. 먹고 싶은 것만 골라 먹는 재미가 있다. 〈스토브〉의 장점, 개인의 취향에 맞게 양껏 즐길 수 있는 브런치 뷔페라는 점이다. 파스타나 리조또 등 따듯하게 데워진 음식, 신선한 샐러드, 갖가지 디저트에 커피와 차까지 한 방에 해결할 수 있다.

적당히, 맛있게 먹는 게 중요하다. 당신은 소중하니까.

보통 '브런치' 하면 떠올리는 메뉴, 단순하다. 브런치의 고전이라 할 수 있는 프렌치토스트, 갓 구워낸 바삭한 맛이 은근히 중독성 있는 벨기에 와플, 달콤한 메이플 시럽을 곁들이는 팬케이크, 누구나 만만하게 먹을 수 있는 샌드위치 등이다. 여기에 샐러드, 주스, 커피 한잔을 곁들이는 단출한 브런치에 비하면 〈스토브〉의 브런치는 후한 편이다.

가볍게 먹고 싶다면, 우유에 시리얼을 말아 아삭하게 먹고 신선한 과일

과 차로 마무리. 포만감을 원한다면, 식전 빵으로 시작해서 파스타와 리조또, 샐러드를 곁들여 든든하게 배를 채운 다음 달콤한 디저트에 커피로 끝을 내도 좋다. 팬케이크, 와플, 빵 몇 가지는 구워내는 대로 조금씩 채워진다.

우리는 옛날부터 고봉으로 꾹꾹 눌러담아 뜬 밥, 상다리 휘어지도록 푸짐하게 차린 반찬에 익숙하다. 한 상 푸짐하게 차려놓고 이것저것 입맛 당기는 대로 골라 먹는 것을 미덕으로 여겨왔다. 뷔페식으로 차려놓고 원하는 만큼 먹을 수 있도록 배려한 것은, 한국 특유의 후한 인심처럼 느껴지기도 한다. 메뉴는 양식이지만, 정서는 한국적인 셈.

〈스토브〉는 인근에 거주하는 외국인, 오늘만은 밥할 수 없다는 굳은 의지를 띤 어머니의 뜻에 따라 끼니를 때우러 나온 가족, 두둑해진 배만큼 큰 정을 나누고 싶은 오붓한 연인, 멀리서 브런치 뷔페를 즐기고야 말겠다는 일념으로 아침 일찍 서두른 젊은이들로 평일, 주말 할 것 없이 테이블이 가득 찬다.

본전 생각이 간절히 나서, 본전을 뽑겠다고 너무 무리해서 집어 먹다가는 배탈이 나는 수가 있다. 화장실을 들락날락 거리다가 하루를 보내게 되는 불상사를 겪게 될 수 있으니 적당히, 맛있게 먹는 게 관건. 본전보다 내 몸값이 더 비싸다는 사실을 잊지 않는 마음가짐이 중요하다.

밥은 먹고 다니냐?
끼니 떼우기 좋은 카페 6

카페 히비

에스프레소 퍼블릭

1.　　　큼직한 건더기가 퐁당퐁당, 오뚜기의 샛노란 카레는 이제 좀 지겨워졌다. 〈카페 히비〉의 커리는 늘 보던 노란 카레와는 때깔부터 다르다. 손톱보다 조금 큰 칵테일 새우 몇 개가 동동 떠 있는 것만 빼면 건더기가 거의 없어 수프 같은 비쥬얼이지만, 오랫동안 달달 볶은 양파에서 우러난 국물이 깊은 맛을 낸다. 접시의 반은 밥을 풍성하게 담고, 나머지 반은 고소한 커리로 채운다. 카레를 좋아하지 않는 사람도 도전해볼 만한 가치가 있는 〈카페 히비〉의 에비 커리.

카페 히비 Cafe Hibi　02.337.1029　서울 마포구 서교동 337-1 2층

2.　　　점심시간에 김치찌개, 제육덮밥, 오징어볶음, 칼국수, 생선구이, 짜장면, 돈가스를 쳇바퀴 돌듯 무한 반복하고 있지 않은지. 월요일부터 금요일까지 담당자를 정해서 메뉴를 선택했으면 좋겠다 싶을 정도로, 고르기 어려운 게 바로 점심 메뉴다. 회사 근처에 식당이 은근 많은데도 불구하고 점심시간이 되면 딱히 무엇을 먹어야 할지 고민스러운 날이 부지기수. 이럴 때에는 그저 그런

라 셀틱

점심 메뉴를 탈피, 카페 브런치 메뉴로 입맛도 돋우자. 강남역 앞 직장인은 여기, 〈에스프레소 퍼블릭〉으로! 11시~2시 사이에 방문하면 브런치 메뉴와 아메리카노가 만원.　에스프레소 퍼블릭 Espresso Public　02.556.9317 서울 강남구 역삼동 618-16

3.　　프랑스 브르타뉴 전통의 크레이프를 선보인다. 크레이프의 본고장인 브르타뉴 주에서 온 프랑스인과 프랑스 국립제과학교 이엔베뻬INBP 출신의 한국인이 운영한다. 크레이프는 프랑스식 메밀전병이라고 생각하면 쉬운데, 메밀 반죽을 얇게 펴서 살짝 익히고 그 위에 다양한 재료를 얹는다. 고소한 메밀 크레이프 위에 햄, 달걀, 치즈를 넣어 만든 꽁쁠레트 Complete가 기본! 프랑스에서 가장 대중적인 크레이프 중 하나다. 가운데 있는 달걀노른자를 톡 터트려 부드럽게 즐기는 게 포인트다.

라 셀틱 La Celtique　02.312.7774 서울 서대문구 창천동 5-10 2층

르 브런쉭

후스 테이블

4.   〈르 브런쉭〉은 낮에는 브런치, 밤에는 디너를 즐길 수 있는 프렌치 레스토랑이다. 브런치 메뉴 중에서는 뉴요커들의 단골 아침 식사인 에그 베네딕트 Eggs Benedict가 최고의 인기를 누리며 절찬 판매 중이다. 잉글리시 머핀 위에 베이컨, 햄, 살짝 익힌 계란, 홀렌다이즈 소스를 곁들여 낸다. 신사동 가로수길의 대표적인 브런치 카페로 자리잡아, 주말이면 줄을 서서 먹어야 할 만큼 많은 사람이 찾는 핫 플레이스. 수십 분의 기다림을 피하고 싶다면, 일찍 서두르자.

르 브런쉭 Le Brunchic   02.542.1985 서울 강남구 신사동 545-1

5.   〈후스 테이블〉은 두 개다. 한 곳은 계동 현대사옥 근처 골목의 아담한 파스타 집이고, 다른 한 곳은 바로 여기! 가벼운 콘셉트의 브런치 카페다. 그릴에 빵을 구운 자국이 선명한 파니니와 샐러드를 맛볼 수 있다. 샌드위치보다 가볍게 브런치를 즐기고 싶다면, 갖가지 채소를 오븐에 구워내는 '오븐에 구운 야채들'을 눈여겨볼 것. 두툼하게 썬 가지, 신선한 토마토, 자르지 않은 마

세븐블레스

늘, 생기 넘치는 아스파라거스 등을 적당히 구워 소스를 뿌려 낸다. 건강까지 챙기는 브런치로 제격!　후스 테이블 Hu's table　02.766.5061 서울 성북구 가회동 70-2

6.　　자연주의 지중해풍 가정식을 내놓는 카페 겸 비스트로다. 싱그러운 사진 속 샐러드는 프렌치 브리 샐러드. 깊고 부드러운 맛의 브리 치즈, 상큼한 오렌지와 향긋한 바질 등을 올린 샐러드에 레몬 크림 드레싱을 뿌렸다. 지중해 지역에서 즐겨 먹는 담백한 밀 빵, 피타 브래드는 칼로리가 높지 않아서 부담 없이 먹을 수 있다. 가로수길 메인 로드에 비해 한결 조용해서 차까지 한 자리 에서 해결하기 좋은데, 진한 커피를 즐긴다면 풍부한 바디감을 자랑하는 그리 스 스타일의 커피를 주문해 보자.

세븐블레스 7bless　070.8885.2575 서울 강남구 신사동 520-1 2층

카페는 개성 넘치는 브런치다

CAFE INFO

전화번호 | 02.795.0754 주소 | 서울 용산구 이태원1동 34-158
영업시간 | 평일, 토요일 10:00~20:30 일요일 10:00~19:00

이태원은 외국인이 많은 동네다. 미군의 아지트 노릇을 해왔고, 인근 대사관 직원의 주거지와 멀지 않은 탓도 있으며, 여행 온 외국인을 위한 쇼핑의 명소로 꼽혀 드나드는 외국인도 적지 않기 때문이다. 최근에는 외국인뿐 아니라, 내국인의 발길이 부쩍 늘었다. '강남 너무 사람 많아, 홍대 사람 많아, 신촌은 뭔가 부족해' 개그맨 유세윤이 멤버로 활동하는 가수 유브이UV의 '이태원 프리덤'이란 노래의 영향을 무시할 수 없다. 갖가지 이태원 예찬을 수두룩 늘어놓으며, 수많은 젊은이를 이태원으로 이끌었다.

이태원은 다른 지역보다 브런치 문화가 일찌감치 상륙했고 탄탄하게 정착한 곳이다. 브런치 열풍이 불기 전부터 일찌감치 뿌리내린 브런치 카페, 레스토랑이 즐비하다. 이불과 한 몸 되어 한없이 잠을 청하고 싶은 주말, 이태원 거리에서는 달콤한 늦잠의 유혹을 물리치고 꿀맛 나는 브런치 데이트를 즐기러 나온 연인들이 속속 목격된다. 제법 알려진 브런치 카페는 이미 빈자리를 찾기 어렵다. 이태원의 메인 로드와는 동떨어져 있지만, 특별한 브런치를 선보이는 〈런던 티〉에도 사람들이 줄을 선다.

창의적인 브런치

지금은 독특한 브런치를 파는 카페로 이미지를 단단히 굳혔지만, 출발은 달랐다. 이태원역에서부터 크라운 관광호텔 인근까지 이어지는 앤틱 가구거리 끝자락에서, 커피도 팔고 고풍스러운 소품도 파는 카페였다. 카페 안은 앤틱 소품이 그득그득 했다. 이순아 대표가 아동복 가게를 운영하다가 접고 카페를 준비하던 차에, 지금의 자리를 발견했다. 누군가가 카페를 열기 위해 한참 공사를 하고 있었던 것 같은데 사정이 있었는지 '임대 문의'라고 쓰인 종이가 붙어 있었다. 결국 그 자리는 〈런던 티〉의 차지가 되었다.

남다른 감각을 지닌 이순아 대표는 앤틱 소품에 대한 애정이 각별하다. 빈티지한 분위기가 물씬 풍기는 카페 안에서, 앤틱 소품을 팔기도 하며 카페를 꾸려 나갔다. 차를 마시던 손님이 선반 위에 놓인 소품을 마음에 들어 하면 팔고, 매달려 있던 조명도 원한다면 떼어주는 식이었다. 이 가게에서 눈여겨 봐야 할 것 중 하나는 입구의 빨간색 문짝. 이것 역시 앤틱 소품인데, 외국에서 공수해온 값나가는 물건이다.

브런치 카페로의 변신은 어느 날 찾아온 손님의 제안으로부터 시작되었다. 카페를 찾은 한 여자가 셰프라고 자신을 소개하면서 이 공간에서 특별한 레시피로 만든 브런치를 팔아보는 게 어떻겠냐는 솔깃한 안을 내놓았다. 그렇게 우연한 계기로 2010년부터 브런치를 팔게 되었다. 셰프와 이순아 대표의 합작으로 탄생한 브런치 메뉴는 다른 브런치 카페에서 흔히 볼 수 없는, 창의적인 것들이어서 사람들의 마음을 금세 사로잡았다.

사람들이 가장 즐겨 찾는 메뉴는 그뤼에르 치즈와 양파로 맛을 낸 오믈렛과 크랜베리 크림치즈를 넣은 프렌치토스트다. 팬에 버터를 두르고 달걀 푼 것을 부어 살짝 익힌 뒤 양파와 그뤼에르 치즈를 올려 만든 오믈렛은 어니언 수프처럼 진하고 부드러운 맛이 으뜸이다. 그뤼에르 치즈는 스위스의 아담한 마을 그뤼에르에서 오래전부터 만들어온 유서 깊은 치즈다. 지금도 마을의 치즈 공방에서는 옛 방식 그대로 치즈를 만드는데 만드는 과정이 꽤 까다롭다. 말끔한 흰 접시에 샛노란 오믈렛을 얹고, 생기 도는 초록 샐러드 한 줌을 곁들여 낸다.

MENU
Tea
English Breakfast
Earl Grey
Darjeeling
Ceylon

REDWOOD

London Tea Special
Cinnamon Sunset
Chocolate Hazelnut
Chocolate Rose
Vanilla Black
Pomegranate Oolong

　〈런던 티〉의 메뉴 중에는 크랜베리를 넣어 건강을 생각한 메뉴가 여럿 있다. 크랜베리 크림치즈를 넣은 프렌치토스트도 그중 하나인데, 붉고 탱글탱글한 크랜베리가 식욕을 돋우고 상큼함을 더한다. 우유, 달걀 등 섞은 것에 두툼한 빵을 푹 담갔다가 노릇하게 구워낸다. 안에는 크랜베리 크림치즈를 넣어 풍미를 더하고 메이플 시럽과 슈가 파우더를 솔솔 뿌려 달콤하다.

　슬라이스한 아몬드와 바나나가 풍성하게 올려진 촉촉한 식감의 바나나 팬케이크, 환상의 조화를 이루는 사과 체다 치즈 오믈렛, 계절 메뉴로 내놓는 굴 샌드위치도 별미다. 차 문화에서 빼놓을 수 없는 영국의 '런던'을 붙여 만든 〈런던 티〉라는 상호답게 다양한 차를 구비하고 있다.

닮은 듯 다른, 1호점과 2호점

본점인 이태원 1호점의 인기에 힘입어 2호점인 신사점도 문을 열었다. 평소 나는 아끼는 카페가 지점화되는 것을 달가워하지 않는 편이다. 이유는 찍어낸 듯 똑같은 인테리어 일색에 도드라져 보였던 개성이 퇴색되는 것 같아 안타까운 마음이 앞서기 때문이다. 하지만 〈런던 티〉 식의 1호점, 2호점이라면 환영이다. 이름은 같지만, 알고 보면 각각의 개성이 뚜렷하다. 이태원의 〈런던 티〉는 장소가 워낙 협소했다. 브런치는 모름지기 여유롭게 먹어야 제맛인데, 사람들이 몰리는 주말이면 넉넉한 공간 확보가 되지 않아 기다려야 하는 일이 빈번했다. 주인 된 입장에서도 늘 그게 마음 쓰였다고 한다.

2호점인 신사점에서는 좀 더 여유롭게 브런치를 즐길 수 있다. 이태원점보다 널찍하고 쾌적하다. 주방을 넓혀서, 이태원점의 비좁은 주방에서 소화할 수 없었던 다채로운 메뉴를 선보인다. 선택의 폭이 넓어진 것이다. 일부 간판 메뉴는 겹치지만, 굴 튀김이나 단호박 고구마 수프 등 신선한 제철 재료로 만드는 계절 메뉴와 파스타 등으로 메뉴판이 풍성해졌다. 유럽풍의 이국적인 느낌, 빈티지한 소품들이 뿜어내는 분위기는 여전한데 찍어내듯 획일화되지 않은 인테리어가 신선하다. 2호점은 이순아 대표가, 본점인 이태원점은 그의 남편인 최준 씨가 맡는다.

시간을 두지 않고 종일 브런치를 팔고 있어서 언제 가도 상관없지만 북적거리는 이태원점은 평일 오후에 가면 더 느긋하게 즐길 수 있다. 〈런던 티〉는 브런치 먹기도 좋지만, 점심 Lunch와 저녁 Dinner 사이의 러너 Lunner를 즐기기에도 안성맞춤.

  영화 속에 숨어있는 이 음식 **카페 그라폴리오**

카페는 영화 같은 브런치다

쇼가야키 덮밥

CAFE INFO

전화번호 | 070.7548.1688 주소 | 서울 마포구 상수동 86–30 영업시간 | 12:00~23:00

점심시간에 브런치 메뉴를 선보이는 카페가 많아졌다. 주말에 브런치를 즐기는 사람들이 늘어난 배경에는 2004년부터 시행된 주5일제가 일등공신이다. 더 이상 브런치는 게으른 자들의 늦은 아침에 그치지 않는다. 휴일의 여유를 상징하는 하나의 문화 코드로 자리 잡았다. 브런치의 인기는 앞으로도 계속될 전망이다. 달걀, 소시지, 베이컨, 와플 등으로 한정적이었던 브런치 메뉴도 그 폭을 넓혀가며 영역 확장 중이다. 종일 브런치 파는 '올 데이 브런치' 카페도 늘고 있다. 브런치 메뉴는 갖다 붙이기 나름이어서, 가볍게 혹은 든든하게 한 끼를 해결할 수 있는 것이라면 무엇이든 브런치가 될 수 있다. 여기, 영화 같은 주말을 만들어줄 브런치가 있다. 일본 영화, 일본 드라마 속에 손을 뻗어 갓 꺼내온 듯한 시네마 푸드를 만날 수 있는 〈카페 그라폴리오〉에 주목하자.

한낮에 즐기는 여유, 영화 같은 브런치

〈카페 그라폴리오〉의 메뉴판을 펼치면 어디선가 본듯한 낯익은 메뉴가 보인다. 맛있는 일본 영화 '카모메 식당'에서 빛의 속도로 스쳐 지나갔던 요리 쇼가야키를 이용한 덮밥, 만화가 원작인 일본 드라마 '심야식당' 속 고양이 맘마가 떡하니 있다.

'카모메 식당'에서 쇼가야키는 존재감이 미미한 음식이었다. 영혼을 따듯하게 감싸주는 소울 푸드로 소개되었던 오니기리에 묻혀 영화를 보고도 '그런 게 있었어?' 하고 반문하는 사람들이 많을 줄로 안다. 영화 속에 그려진 쇼가야키는 프라이팬에 돼지고기를 올려 치익 소리 나게 구워, 생강으로 맛을 낸 돼지고기 생강구이다. 이 카페에서는 이것을 응용한 덮밥을 내놓는다. 돼지고기를 밥과 함께 한입에 쏙 넣을 수 있도록 길쭉하게 썰었다. 풍성함을 안겨주기 위해 숙주를 얹고 생강향을 더해 풍미를 살렸다.

'쇼가야키 덮밥'과 함께 좋은 반응을 얻고 있는 투톱 중 하나는 '닭고기 덮밥'이다. 간장 소스에 재운 닭고기를 적당히 익히고, 초록색 꽈리 고추와 붉고 매운 작은 고추를 넣어 밥 위에 올린 덮밥이다. 고추의 매콤한 맛이 입맛을 돋운다. 파를 송송 썰어 넣은 일본식 된장국과 새끼 손톱만 한 깍두기를 곁들여, 일본 음식 특유의 정갈하고 아기자기한 모양새로 낸다.

심야식당에 나왔던 '고양이 맘마'도 인상적이다. 고양이 맘마는 갓 지은 밥으로 만들어야 제맛이다. 오픈 시간인 12시에 맞춰서 카페에 들어가면, 고슬고슬하게 밥을 지어서 내놓는다. 사실 '고양이 맘마'는 비쥬얼 상으로 보나 맛으로 보나 별스럽지 않지만 드라마 '심야식당'을 본 사람이라면 틀림없이 이를 대하는 감회가 남다를 것이다.

심야식당의 영업시간은 자정부터다. 남들이 고달팠던 일과를 마치고 집으로 향할 때 그 식당은 영업을 시작한다. 야심한 시각에 누가 식당으로 밥을 먹으러 올까 싶지만 뜻밖에 사연 하나씩을 품고 있는 소외된 이웃들이 한둘씩 가게 문을 열고 들어온다. 하루는 일본의 트로트 쯤 되는 엔카 가수, 미유키가 식당을 찾았다. 직업은 엔카 가수지만, 무명인 탓에 오라는 곳이 없어 가라오케에서 일한다. 그녀가 심야식당에서 주문했던 음식이 바로 '고양이 맘마'였다.

갓 지어 김이 솔솔 올라오는 밥 위에, 풍미 짙은 가다랑어를 말려 얇게 슬라이스한 가쓰오부시를 얹으면 춤추듯 꼬불거린다. 여기에 짭조름한 간장을

닭고기 덮밥

고양이 맘마

모플

둘러 쓱쓱 비벼 먹으면, 심야식당에서 미유키가 참 맛있게 오물거리던 그 '고양이 맘마'가 된다. 만사가 다 귀찮을 때 계란 후라이 하나 해서 간장 한 술과 참기름 몇 방울, 고소한 깨를 넣고 비벼 먹어본 적이 있는 사람이라면 추억의 맛과 비슷한 맛이 날 수도 있다. 밥을 크게 한 숟가락 푹 떠서 입에 넣으면 심야식당 생각이 절로 난다. 미유키는 심야식당에서 했던 조촐한 공연을 계기로 무명을 벗어나게 되지만, 결국 병으로 죽음을 맞게 되는 슬픈 이야기가 떠올라 밥을 넘기면서 살짝 울컥하게 될지도 모른다.

밥보다 간단하게 먹고 싶다면 모플도 있다. 생긴 건 꼭 둥글넓적 토종스러운 호떡 같은 외모다. 잉글리쉬 머핀 반죽에 떡을 섞어 만들었다. 모플의 쫀득한 배를 가르고 그 위에 소금기 있는 버터, 탱글탱글 신선한 블루베리 두 알을 얹어 입안에 쏙 넣으면 블루베리가 톡 터지면서 과즙과 모플이 입안에서 고루 섞인다. 굳으면 맛이 덜하니 따듯할 때, 갓다 줌과 동시에 입으로 가져가는 게 바람직하다.

영화 속 메뉴를 카페로 끌고 나온 사람은 노명옥 대표다. 일본 영화와 드라마를 좋아했던 그녀가 주부 9단의 노련함과 세련된 감각을 동원해 카페의 요리를 맡았다. 〈카페 그라폴리오〉는 두 사람의 합작품이다. 노장수 대표와 노명옥 대표. 성이 같다는데서 짐작할 수 있듯이 그와 그녀는 남매지간이다. 그는 디자인 전문회사 디바인인터랙티브의 대표고, 그녀는 일본 수입 소품을 취급하는 쇼핑몰 컨츄리앤하우스의 대표다. 둘은 각자 하는 일이 따로 있지만 필요에 의해 몇 달 전부터 바쁜 시간을 쪼개 카페를 꾸리고 있다.

디바인인터랙티브의 그는 창작자를 위한 커뮤니티 사이트 '그라폴리오' 서비스를 론칭하면서 카페 운영을 함께하면 좋겠다고 생각했다. '그라폴리오'의 오프라인 공간을 만들고 싶었다. 그 안에서 짧게는 2주, 길면 1달에 한 번 간격으로 무료대관 전시를 진행하기로 마음먹었다. 전시할 작품은 '이 사람 정말 그림 잘 그리는구나!' 싶은 생각이 먼저 드는 작품보다는 독특하고 개성 있어서 눈이 가는 작품 위주로 살핀다. 와인 상자에 디자인 서적도 한가득 채워 놓았다. 창작자들이 이곳에서 아이디어를 얻었으면 하는 바람에서다. 때때로 모여서 와인 한 잔을 기울이고, 소규모 모임을 할 수 있는 복합문화공간 〈카페 그라폴리오〉를 꿈꾼다.

마침 그녀에게도 컨츄리앤하우스 쇼핑몰의 오프라인 매장이 필요했다. 모니터를 통해 쇼핑몰 사이트를 들여다보며 '살까? 말까?'를 숱하게 고민하는 사람들이 소품을 직접 보고 고르면 좋겠다고 생각했다. 쇼핑몰에서 취급하는 상품 일부를 카페에 들여 놓았다. 카페 분위기에 잘 녹아들도록, 갤러리로

이천의
한국에
그 날은
가을 밤

운영되는 공간이라 전시와도 잘 어우러지도록 신경 썼다. 아쉬운 점이 있다면 모든 상품을 다 들여놓을 수 없다는 점이다. 몽땅 갖다 놓으려면 전체 매장을 모두 진열에 써야 할 판이라 어쩔 수 없다. 남자들은 몰라도, 여자들은 백이면 백! 모두 소품에 시선이 꽂힌다.

일본, 유럽 등에서는 이미 이런 복합적인 형태의 숍이 느는 추세다. 두 사람의 감각과 바람이 녹아든 이 공간, 많은 것이 담겨 있지만 참 조화롭다. 카페, 갤러리, 매장 노릇을 무난하게 소화해 내면서도 무엇하나 도드라지지 않는 어울림이 마음에 든다.

나는 운 좋은 인간일까?

쿠폰 제도가 독특하다. 다른 카페와 차별화할 무언가가 없을까, 고민하던 노장

수 대표는 디바인인터랙티브에 아이디어 회의를 제안했다. 회의에서 나온 아이템이 바로 빙고 쿠폰. 일반적인 카페에서 10개의 도장을 찍으면, 음료 한 잔을 무료로 주는 것과 다른 방식이다. 로또 기계에서 번호를 뽑으면, 그 번호에 도장을 쿡 찍어준다. 운이 좋게 1, 2, 3이 연달아 나오면 단 3번 만에 무료 음료 한 잔을 마실 수 있다. 단, 이미 찍힌 번호와 같은 번호가 나오면 꽝.

원래 빙고는 가로, 세로, 대각선 모두 해당하지만, 그렇게 했다가는 얼마 못 가서 카페 문 닫을 위기에 처할 게 분명하기 때문에 빙고 쿠폰은 수평선일 때만 무료 음료를 제공한다. 확률 계산을 위해 한 사람이 10,000번 왔을 때를 기준으로, 프로그램을 짜서 시뮬레이션을 돌려봤다고 한다. 10번 방문 시 대략 1.8잔 정도가 나왔다. 정직하게 찍어주는 쿠폰보다 확률이 높은 편이다.

빙고 하는 사람들을 보면 '이 사람 정말 운 좋다.' 싶은 사람도 있지만, 어떤 사람은 '아, 어떻게 이렇게까지 운이 없을까?' 싶어서 안쓰러운 마음을 유발하는 사람도 있다고. 이 특별한 쿠폰으로 재수 옴 붙은 인간인가, 아닌가를 점쳐보는 잔재미도 누릴 수 있다.

CAFE THEME

맙소사!
종종 드나들던 카페가 어느 날 갑자기 사라졌다. 소리 소문 없이, 갑작스럽게. 황당하다. 아쉽다. 일부러 그곳까지 찾아간 거였다면 순간 난감해진다. 이건, 카페를 아끼던 손님의 입장이다.

여기서 잠깐!
다들 아기돼지 삼 형제 이야기, 알고 있겠지? 첫째 돼지의 지푸라기로 지은 집은 늑대가 후~ 불어서 날려버리고, 둘째 돼지가 지은 나뭇가지로 지은 집마저 늑대가 후~ 불어버리고. 겁에 질린 두 마리의 돼지가 튼튼한 벽돌로 지은 셋째 돼지로 도망치자, 늑대가 잽싸게 쫓아갔다가 된통 골탕을 먹었다는 이야기. 우리가 알고 있는 아기돼지 삼 형제 이야기는 이렇다.

반전!
그런데 이건, 아기돼지 이야기만 듣고 그려낸 이야기 아닌가? 공정하게 늑대의 입장도 들어봐야 하는 거 아닐까? 늑대가 들려주는 아기돼지 삼 형제 이야기, 사실 사건의 전말은 이랬다. 일단, 늑대가 돼지를 잡아먹는 건 나무랄 수만은 없는 일이다. 하느님이 그렇게 만든 거니까. 사람이 쇠고기를 먹고 닭고기를 먹는다고 해서 무턱대고 비난할 수는 없지 않은가.
늑대는 그저, 소금이 떨어져서 아기돼지 삼 형제에게 소금을 꾸러 갔을 뿐이다. 마침 감기에 걸려 재채기를 했더니, 대충 지은 집들이 순식간에 날아가 버린 것. 사과하고 말고 할 틈도 없이 돼지 두 마리는 셋째 돼지의 집으로 줄행랑쳤고, 그쪽으로 소금을 꾸러 갔을 때는 난데없이 공격해 댔다. 늑대로서는 좀 억울하지 않았을까? 이렇듯 모든 일에는 제각각 다른 입장의 차이가 있을 수 있다.

다시!

카페 이야기로 돌아가서. 카페 주인의 입장은
손님과 다를 것이다. 손님은 갑자기 없어진 것
에 대해 당혹감을 감추지 못하겠지만 주인은 카
페에 대해 짧게는 수개월, 길게는 수년간 고민
한 끝에 접은 것이다. 자식처럼 애지중지 돌보
던 카페를 그만 두는 것, 그곳을 아끼던 손님보
다 주인에게 더 애달픈 일이다.

집안에 사정이 생겼을 수도 있고, 카페 운영이
녹록지 않았을 수도 있으며, 다른 꿈을 찾아 떠
났을 수도 있다. 우리도 회사 다니다가 이직하지 않던가. 갑작스레 속이 뒤틀려서 사표를 던지기
도 하고, 내 길은 이 길이 아닌 것 같다며 가차 없이 돌아서지 않느냔 말이다. 어쩌면, 카페가 사
라진 게 아니라, 임대 계약 기간이 끝나서 자리를 옮겼을 가능성도 있다. 카페를 옮겼다고, 한 사
람씩 일일이 붙들고 전할 수는 없는 노릇이다.

따라서!

즐겨 찾던 카페가 사라졌다는 건 애석하기 그지없는 일이지만 '사정이 있었을 거야'하고 둥글게 넘
기자. 이 책에 담긴 수많은 카페 중에서도 터를 옮기거나, 쥐도 새도 모르게 사라지는 카페가 틀
림없이 있을 것이다. 부디, 주인의 마음을 헤아려 너그러이 이해해 주길 바란다.

4

카페는
달콤하다

CAFE CULTURE 참을 수 없는 케이크의 유혹 **달콤한 거짓말**

카페는 케이크다

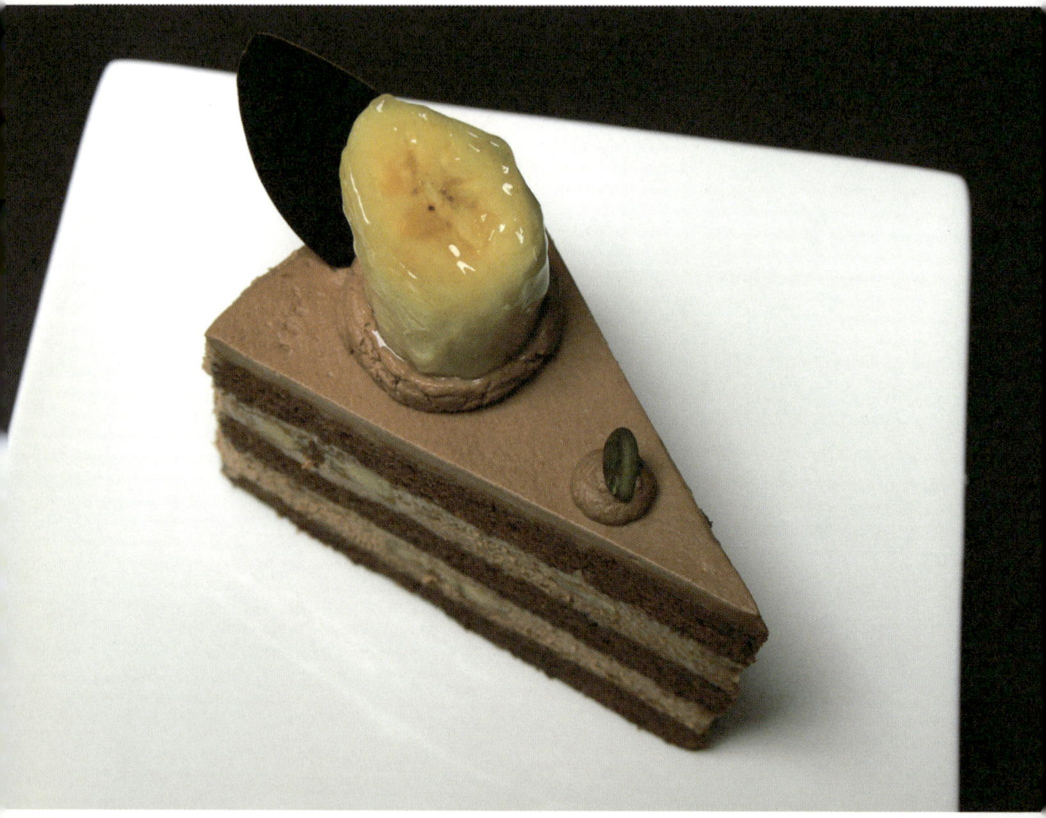

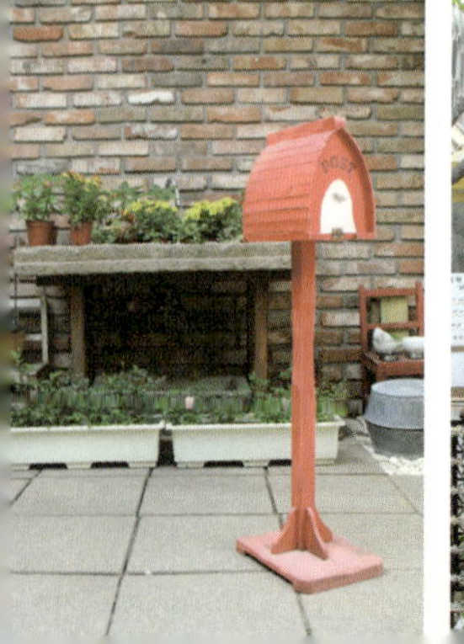

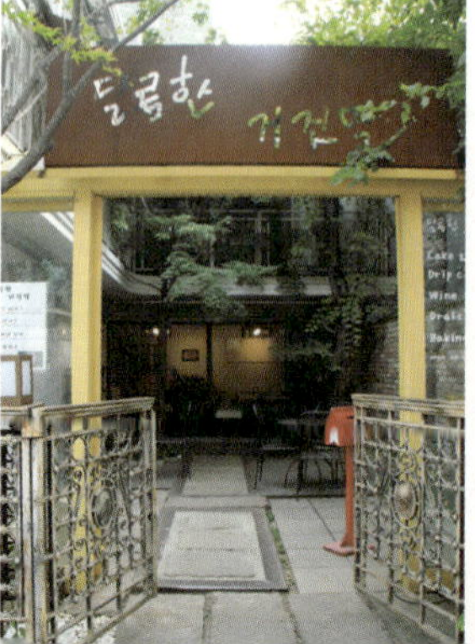

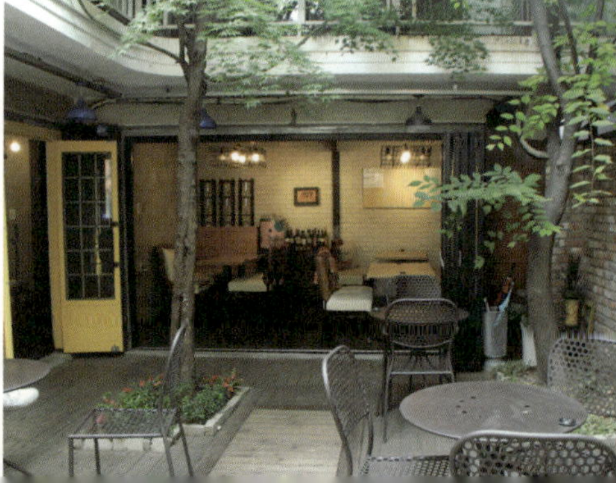

CAFE INFO

전화번호 | 02.3141.3338 주소 | 서울 마포구 상수동 317-11
영업시간 | 평일 11:00∼01:00 주말 11:00∼02:00

달콤한 거짓말에 나도 모르게 살며시 녹아들 때가 있다. "오랜만에 보니까 예뻐졌는데?"라고 말하면서 살짝 흔들리는 눈동자를 목격한다. 말하는 사람도 알고 듣는 사람도 안다. 사실이 아니라는 것. 속으로 '예뻐지긴 뭐가 예뻐져, 안 본 사이에 토실토실하게 부쩍 살 올라서 후덕해 졌구먼!'하고 투덜거린다. 그런 내게 예뻐졌다니, 얼토당토않다. 하지만 이미, 입가에 잔잔한 미소가 가득 번져 있다. 달콤한 거짓말의 힘이다. 아니라는 것을 알면서 나도 모르게 기분이 좋아진다. 비록 그것이 새빨간 거짓말이라 할지라도, 상냥하고 부드럽게 소곤거리는 거짓말에 마음이 사르르 녹아내린다. 살다 보면 달콤한 거짓말이 빛을 발하는 순간이 종종 찾아온다.

김영란 셰프가 카페 상호를 고민하고 있던 그때도 달콤한 거짓말에서 한 줄기 빛이 일었다. 채널을 돌리다가 우연히 김수현 작가의 드라마 〈인생은 아름다워〉의 한 장면을 보게 되었다. 자글자글하게 주름진 어머니의 얼굴을 빤히 바라보며, 입술에 침도 안 바르고 뻔한 거짓말을 하는 대목이었다. 하나도 늙지 않았다며 비행기를 태우는 식상한 거짓말에, 달콤한 거짓말이라 표현한 것을 보고 '옳거니!'하고 무릎을 쳤다. '이거다!' 싶었단다. 그녀의 직감대로 케이크 카페와 〈달콤한 거짓말〉은 제법 잘 어울린다

아늑한 디저트 카페 〈달콤한 거짓말〉

이곳에서 내놓는 케이크는 14년 경력의 베테랑, 김영란 셰프의 솜씨다. 호텔신라에서 근무, 홈플러스 케이크 개발실에서 연구원 생활을 거쳐 목표였던 카페를 오픈했다. 전에 이곳은 건물주가 운영하던 와인집이었다. 처음에는 집과 가

까운 강남 쪽을 샅샅이 뒤졌지만, 카페가 워낙 포화 상태여서 자리 잡기가 쉽지 않았다. 앞으로 상수동의 카페 지도가 어떻게 바뀔지는 모를 일이지만, 적어도 지금은 홍대 일대면서 조용하다는 점이 상수동의 매력. 마음에 드는 곳이 나오자마자 냉큼 가게를 얻었다.

대로변에서 한 발자국 안으로 들어간 주택가 골목, 수년 전에는 누군가의 집이었을 주택을 고쳐 만들었다. 화창한 계절, 햇살 좋은 날 야외 테이블에 앉아 있으면 내 집 정원에 앉아 시간을 보내는 듯 편안하다. 곧게 자란 나무 몇 그루가 버티고 있어 든든하다. 아담하게 가꾼 뜰에는 소박하게나마 풀 포기와 꽃이 무성하게 자라 싱그럽다. 1층은 안락한 휴식처로 알맞게 꾸몄고, 2층은 아기자기한 서재처럼 꾸몄다. 통유리여서 볕 좋은 날에는 따듯한 햇살이 한없이 새어 들어오고, 비 내리는 날에는 쓸쓸하고 축축한 기운이 고스란히 스민다.

호텔신라와 같은 수준의 케이크를 착한 가격에!

가지런히 진열된 케이크를 보면 마음이 흡족하다. 먹음직스러운 빛깔과 모양 때문에 혀끝으로 맛을 보기 전에 눈이 먼저 즐겁다. 일본 최고의 베이커리 명인 요코다 히데오 셰프로부터 전수받은 비법으로 만든 케이크다. 그는 일본 최고의 호텔 중 하나로 꼽히는 도쿄 파크 하얏트의 조리장 출신이다. 지금은 일본에 과자 공장 〈오크우드〉를 열었다. 최상의 음식재료와 최고의 기술이 맛있는 케이크를 만든다는 신념으로 케이크를 만드는 장인이다.

호텔신라에 재직했던 시절, 호텔신라와 컨설팅 계약을 맺어 아이디어

와 기술을 제공하기로 한 그를 스승으로 모셨다. 조잡하지 않고 깔끔하면서도 포인트가 있는 특별한 케이크 만드는 법을 배웠다. 김영란 셰프는 그의 레시피가 담긴 책 속에서 아이디어를 얻곤 한다. 그래서 지금 선보이고 있는 케이크 메뉴의 대부분은 호텔신라에서 내놓는 것을 그대로 옮겼다. 치즈 함량이 높아 깊고 진한 맛을 내는 크림치즈, 초콜릿 시트에 녹차가루와 단팥을 넣어 만든 우지, 살구 잼과 초콜릿의 조화가 일품인 독일의 자허 토르테 등. 굳이 요코다 히데오 셰프의 과자 공장 〈오크우드〉를 찾아 일본으로 가지 않아도 되고, 묵직한 분위기의 호텔신라를 찾지 않더라도 같은 수준의 케이크를 캐쥬얼한 분위기에서 맛볼 수 있다. 게다가 호텔보다 훨씬 낮은 가격대다. 호텔에서는 저렴한 게 8~9천 원부터 시작해 1만 원을 훌쩍 넘기는 케이크가 허다하지만, 〈달콤한 거짓말〉에서는 5~6천 원에 호텔 수준의 고급스러운 케이크를 먹을 수 있다는 점이 이곳만의 메리트.

〈달콤한 거짓말〉에서 만나는 케이크는 재료 자체의 특징을 살려 맛을 냈다. 갖가지 재료의 본래 맛을 유지하면서도, 풍미를 제대로 느낄 수 있는 방법을 연구한 흔적이 역력하다. 맛있는 케이크를 콕 집어달라는 요청에 김영란 셰프는 고민하는 기색 없이 초코 바나나를 택했다. 의외였다. 바나나를 그다지 좋아하지 않는 사람이 많기 때문이다. 나부터도 그렇다. 바나나 향이 첨가된 불룩한 바나나 우유가 아니라면 바나나가 달가운 때는 거의 없다시피 하다. 사람들에게 이 케이크를 추천하면 긴가민가하면서 갸웃거리기 일쑤란다. 하지만 일단 맛을 보고 나면 향긋한 바나나 향과 부드러운 초코 맛의 조화로움에 넋을 잃는단다. 설마 하는 의심의 눈초리로 케이크를 바라보던 나 역시 그랬다. 촉촉하고 폭신한 케이크 한 조각을 베어 물고 나면 바나나 향이 향긋하게 퍼진다. 바나나의 거부감 없는 맛에 케이크를 다시 한 번 바라보게 된다. 〈달콤한 거짓말〉에서는 달콤한 거짓말이 필요 없다. 거짓말할 필요 없이, 에누리없이 맛있다.

밥 먹는 배와 디저트 먹는 배는 따로 있는 게 분명하다

케이크와 더불어 샌드위치, 드립커피, 파스타, 와인. 가볍게 먹을 수 있는 간식부터 한 끼 식사로 충분한 먹거리까지 메뉴가 제법 다양하다. 점심 때쯤 들러 달걀과 베이컨을 넣은 두툼한 샌드위치로 한 끼 식사를 부족함 없이 해치웠다. 한껏 부푼 배를 두들기면서도, 케이크의 달콤한 유혹을 뿌리치지 못하고 케이크 한 조각을 너끈히 삼켰다. 가만 생각해보면 참 신통방통하다. 배불리 먹고 나서도 케이크를 거뜬히 먹어 치우다니. 일반적으로 여자들이 적게 먹는 건 위가 작거나 다이어트 중이라서가 아니라, 디저트 먹을 배를 따로 분리해 놓기 때문 아닐까 싶다.

카페는 자연식이다

자연식 다크 브라우니

카페는 자연식이다

CAFE INFO

전화번호 | 02.325.1028 주소 | 서울 마포구 서교동 333-39 영업시간 | 11:00~23:00

홍대 앞 뒷골목의 숨겨진 매력

요즘 홍대 앞은 평일과 주말을 가리지 않고, 발 디딜 틈 없이 부산하다. 거리에는 옷 가게가 즐비하고, 그 사이 틈틈이 휴대전화 매장이 들어앉았다. 대학가답게 부어라 마셔라 술집이 그득하고, 클럽데이인 금요일이 되면 후끈 달아오르는 클럽이 성업 중이다. 저렴하고 간편하게 한 끼를 때울 수 있는 떡볶이 가게도 빼놓을 수 없다. 그리고, 한 집 건너 한 집은 카페다. 이것이 대충 훑어본, 홍대 앞 거리의 풍경이다. 여느 번화가와 다를 바 없는 모습, 이 시끌벅적한 모습을 보고 있노라면 정신이 혼미해진다. 어딜 봐서 홍대 앞이 매력 덩어리라는 것인지 도통 알 수가 없다.

홍대 앞을 제대로 둘러보려면, 홍대 앞 북적거리는 거리에서 벗어나 한 발자국 걸어 들어가야 한다. 홍대 앞 뒷골목은 사정이 좀 다르니까. 3~4년 전에 비하자면 뒷골목도 엄청나게 번잡스러워 졌지만, 여전히 홍대 앞 뒷골목은 거부하기 어려운 독특함으로 발길을 잡는다. 아무리 봐도 카페가 없을 것 같은 한적한 동네 골목, 주택가 사이사이에 은근슬쩍 카페가 끼어 있다. 빌라 사이에 숨바꼭질하듯 숨어 있는 카페들, 〈쿡앤북〉도 그 중 하나다.

채식과는 다르다, 자연식 카페 〈쿡앤북〉

〈쿡앤북〉은 자연식 카페다. '자연식'이라는 단어가 영 생소하다. 말 그대로다. 자연식, 자연스러운 것. 오래 보관하기 위해 방부제를 팍팍 넣는 슈퍼마켓 표 빵과 다르다는 이야기고, 먹음직스러워 보이기 위해 색소 따위를 양껏 넣어 인

공적인 멋을 더하지 않은 자연 그대로의 식품을 즐기는 거다. 농약에 적시다시피 한 농산물이나, 단지 먹기 좋게 만들기 위해 유전자 조작 등으로 변형된 것들은 피한다. 그것이 자연식이다.

자연식과 채식은 엄연히 다르다. 가장 큰 차이는 육류 섭취 여부. 채식은 육류를 먹지 않지만, 자연식은 고기를 먹어도 무방하다. 단, 고기로 생산되기 위해 온갖 스트레스를 받으며 길러지는 가축이 아닌, 오염되지 않은 환경에서 자란 것을 먹는 것이 자연식의 정석. 하지만 현실이 어디 그리 녹록하던가? 절대 그렇지 않다. 그래서 〈쿡앤북〉에서는 고기를 거의 사용하지 않는다고 한다.

이곳을 운영하는 전수미 씨가 자연식을 접한 것은 제법 오래 전 일이다. 때는 1995년, 모 포털회사의 웹 디자이너로 일하던 그녀는 돌연 미국 샌프란시스코로 유학을 떠났다. 디자인을 공부했다. 그때 만난 미국인 친구 케이티가 채식주의자였다. 룸메이트로 함께 지내면서 채소 위주 식단으로 즐겨 먹었고, 채식 레스토랑도 접했다. 채식에 자연스럽게 익숙해질 무렵, 그녀는 샌프란시스코 요리학교에서 요리를 배웠다. 미국, 프랑스, 이탈리아 요리였다. 학교 옆 골목에는 유명 채식 레스토랑 〈Greens〉가 있었는데, 채식은 맛이 없다는 편견이 와장창 깨지면서 채식과 더욱 친해지는 계기가 되었다.

미국에서 채식 베이킹은 그리 어려운 것도, 특별한 것도 아니었다. 마트에 가면 식물성 버터, 채식 크림치즈 등 채식 베이킹에 필요한 재료를 쉽게 구할 수 있었다. 하지만 한국에 돌아와서는 사정이 달랐다. 채식 베이킹 재료를 구하는 게 만만치 않았다. 그때 마침, 일본의 〈Brown Rice Cafe〉란 곳을 알게 되었다. 일본인 친구 노리코가 오모테산도에 새로운 카페가 생겼다며 소개한

We are all here in the world for some purpose:
I believe that it is to live a good life, individually a
That means for us humans to do as little harm as
to other humans, to animals and to the whole en
and to do as much good as possible. To live simpl
to consume the least possible, not the most poss

것이었다. 채식 베이킹과는 또 다른 세상이 펼쳐졌다. 채식 베이킹은 버터 대신 식물성 재료를 버터처럼 만들어 쓰는 식이었는데, 그곳에서는 우리가 늘 먹는 재료를 이용한 자연식 베이킹을 선보였다. 적잖은 충격이었다.

맛과 건강을 동시에 챙기는 엄마의 마음, 자연식 베이킹

〈쿡앤북〉의 베이킹에는 빠져선 안 되는 줄만 알았던 3가지가 쏙 빠져 있다. 버터, 달걀, 백설탕. 과연 이것을 빼고 제대로 된 맛을 낼 수 있을까? 정말 맛있을까? 궁금함을 참지 못하고 두유, 두부, 카놀라 오일로 만든 '자연식 브라우니', 녹차 라떼 파우더가 아닌 일본 녹차 가루로 만든 '리얼 녹차 라떼', 라즈베리, 블루베리, 딸기를 갈아 복분자 액을 섞어 만든 상큼한 '베리베리 스무디' 등을 주문했다. 주방에서는 무언가를 굽는 뜨끈한 열기, 무언가를 갈아내는 소리가 요란하게 나더니 주문한 메뉴가 뚝딱 완성되어 나왔다. 베이킹에 중요한 재료 3가지가 빠졌지만, 모양으로 보나 맛으로 보나 별다를 게 없다. 오히려 더 달콤하고 맛있다.

자연식 고수의 비법은 이랬다. 두부를 곱게 갈면 걸쭉한 상태가 되어 몽글몽글 뭉쳐지는데, 이것은 달걀을 대체하기에 좋다. 마나 연근처럼 전분이 있

베리베리 스무디

어서 끈적함이 묻어나는 것들도 달걀 대용으로 쓸 수 있다. 버터를 대신할 수 있는 재료는 식물성 오일. 마가린이나 쇼트닝을 쓸 수도 있지만, 식물성 오일은 트랜스 지방 때문에 비만의 원인이 되기도 한다. 유채꽃에서 추출한 카놀라 오일은 색도 없고 맛과 향이 거의 없어서 쿠키나 케이크 구울 때 유용하다. 산뜻한 맛을 내는 포도씨 오일도 제격.

백설탕을 대신해서 건강하게 단맛을 낼 수 있는 것도 은근히 많다. 베이킹에 사용되는 천연 당분 메이플 시럽, 엿기름으로 만든 조청으로 단맛을 낼 수도 있다. 〈쿡앤북〉 베이킹의 숨은 비법 중 하나는 아가베 시럽이다. 선인장에서 추출한 천연 당분으로, 칼로리는 설탕보다 낮으면서 당도는 세 배 이상 높다. 아메리카노 속 카페인에 절어 살더라도, 카페라떼 외길 인생 10년째인 그대라 할지라도 여기서만큼은 몸이 좋아하는 자연식 메뉴를 골라 마시는 것이 어떨까? 그럼 〈쿡앤북〉에서는 자연식으로 건강만 챙기나? 아니다. 오픈 키친 맞은편에 마련된 서재에서 책을 꺼내 읽을 수도 있고, 클래스(유료)를 신청하면 가게 한편에 마련된 7평 남짓한 공간에서 자연식 베이킹을 직접 배워볼 수도 있다. 버터, 달걀, 우유를 사용하지 않고도, 맛있는 빵을 만들어낼 수 있는 비법을 깨알같이 전수받는 시간이다. 자연식 베이킹에 대한 호기심으로 클래스를 신청하는 사람도 있고, 내 아이에게 먹일 음식은 내 손으로 직접 만들고야 말겠다는 사명감을 띠고 나온 엄마도 있다. 사람들은 이곳에서, 맛과 멋은 물론 영양과 건강까지 알뜰하게 챙기고 싶은 엄마의 따뜻한 마음을 배워간다. 보통은 도란도란 이야기를 나눠가며 배울 수 있는, 4명 정도의 소규모 클래스로 운영한다.

카페는 초콜릿이다

CAFE INFO

전화번호 | 02.545.3971 주소 | 서울시 강남구 신사동 644-20 영업시간 | 10:00~21:30

수천 년 전, 화려한 문명을 꽃피웠던 올메크족, 마야족, 아즈텍족이 카카오 열매를 먹었던 것으로 추정된다. 특히 아즈테카 제국에서는 카카오를 '신에게서 훔쳐온 작물'이라고 여겼다. 카카오 콩은 신들의 열매로 불리며, 황제에게 바쳐지는 진귀한 것이었다. 심지어 이것으로 화폐를 대신하기도 했다. 공물이나 세금을 카카오 콩으로 거뒀다. 거래도 할 수 있었다. 카카오 콩 4알로는 호박 1개를, 10알로는 토끼 1마리를, 100알로는 노예 1명을 살 수 있었다.

한때 유럽에서도 초콜릿은 귀한 대접을 받았다. 위장병과 정력에 좋다는 소문이 파다해서, 왕족과 귀족들이 앞다투어 즐기는 특별한 음식이었다. 영화 〈마리 앙투아네트〉를 보면 그녀가 침실에서 초콜릿을 먹는 장면이 그려진다. 전속 쇼콜라티에를 두었을 만큼 초콜릿에 대한 애착이 이만저만 아니었다고 한다.

우리나라에는 고종에게 커피를 내던 외국인 손탁이 대한제국 말기, 황실에 초콜릿을 처음 소개했다. 이후 일본과 미국 제품이 들어왔다. 초콜릿을 대중적으로 즐길 수 있게 된 것은, 그리 오래된 일이 아니다.

초콜릿 아티스트의 길을 걷는 여자

쇼콜라티에 Chocolatier라는 직업이 있다. 초콜릿의 프랑스어인 쇼콜라에서 나온 말인데, 초콜릿 공예가나 초콜릿 장인쯤으로 통한다. 초콜릿 문화가 널리 퍼져 있는 유럽에서는 쉽게 눈에 띄는 직업이지만, 우리나라에서는 생소하기가 이를 데 없다. 쇼콜라티에는 맛있게 만들어내는 것뿐 아니라, 초콜릿으로 작품 활동을 하며 예술의 영역을 넘나든다.

이 직업이 한국에 알려진 것은 2001년이다. 〈빠드두〉의 김성미 대표가 유학을 마치고 돌아와, 한 백화점에서 초콜릿 작품으로 전시를 열면서 쇼콜라티에를 처음 소개했다. "쇼콜라티에를 모르는 사람이 여전히 많지만, 그때는 쇼콜라티에라는 단어를 발음조차 제대로 못했어요."

김성미 대표가 초콜릿에 관심을 두게 된 건 1992년, 영국에서였다. 그녀는 대학 졸업 후 일본으로 유학을 떠났다. 전공이 사회학이어서 초콜릿과는 거리가 먼 삶을 살고 있었다. 그러던 중, 여름 방학을 틈타 어학연수차 영국에 갔다가 수제 초콜릿을 보게 되었다. 정확히 말하면, 수제 초콜릿 만드는 사람을 본 것이었다.

그녀가 본 수제 초콜릿은 슈퍼마켓에서 흔히 파는 가나 초콜릿, 편의점에서 파는 허쉬 초콜릿과는 영 다른 것이었다. 단지 맛있는 초콜릿이라는 표현으로는 단단히 부족했다. 감미로운 예술 그 자체였다.

작은 가게에서 음식을 만들어 내듯이 아름다운 조각과 다를 바 없는 초콜릿을 내놓았다. '이런 걸 사람 손으로 만들 수 있구나!'라고 생각하며 마냥 신기해했다. 손끝에서 빚어진 초콜릿은 예술의 경지였다. 초콜릿에 푹 빠진 그녀는 어학연수 중에 유럽 곳곳을 다니며 초콜릿에 대해 파헤쳤다. 유럽의 초콜릿 공장을 둘러보고, 나라별 초콜릿 문화를 샅샅이 훑고 다녔다.

이후 그녀는 결혼하면서 일본 유학을 포기하고 한국으로 돌아왔다. 아이를 낳아 육아에 전념하면서 평범한 주부의 길로 들어서는 듯했다. 하지만 머릿속에서는 초콜릿 생각이 떠나지 않았다.

1999년, 그녀는 큰 결단을 내렸다. 소형 아파트 한 채 값을 손에 쥐고 영국 런던으로 향한 것. 가정을 꾸린 아내, 애 딸린 엄마 노릇을 하고 있었던 터

라 쉽지 않은 결정이었지만 그때는 무모할 만큼 뜨거운 열정으로 타올라 일단 가고 봐야겠다는 마음이 앞섰다. 한 세기를 훌쩍 뛰어넘는 역사를 가진 프랑스의 요리학교 르 꼬르동 블루 런던 분교에서 2년간 초콜릿을 공부했다.

유학을 마치고 돌아온 김성미 대표는 2001년부터 지금까지 우리나라 쇼콜라티에 1호로서의 역할을 다부지게 해내고 있다. 초콜릿 문화에 한 획을 그었다고 해도 지나치지 않다. 그동안 초콜릿을 만들어 팔기도 했지만, 사람을 길러 내는 일을 주로 했다. 2003년, 작은 공방을 차려서 초콜릿을 가르치기 시작했다. "제가 했기 때문에 사람들이 쇼콜라티에에 더 쉽게 접근할 수 있었던 것 같아요." 저 사람도 만드는 데 나라고 왜 못 만드나, 하는 마음을 심어주었을 거라면서 "제가 만만해 보이잖아요."라고 한 마디를 덧붙였다. 초콜릿을 가르칠 때만큼은 깐깐한 선생님으로 변신할 것 같은 그녀지만, 평소 말투나 행동에서는 소탈함이 엿보였다. 현재 내로라하는 수제 초콜릿 전문점의 대표들이 그녀의 공방을 거쳐 갔다.

많은 사람이 김성미 대표를 통해 쇼콜라티에라는 직업을 만났다. 그녀가 영국에서 초콜릿 만드는 사람을 넋 놓고 바라보았던 것처럼, 이제 사람들이 그녀의 초콜릿 만드는 모습을 주의 깊게 살핀다. 유학 시절 초콜릿 만드는 사람에게 받았던 감동을, 그대로 사람들에게 전해 주고 있다. "전 초콜릿을 그려요." 수삼, 검은 깨 등 새로운 재료로 초콜릿을 만들 때, 직감으로 머릿속에 레시피를 그려본다. 쇼콜라티에는 몸이 해야 할 일보다 머리가 해야 할 일이 훨씬 많은 직업이라는 게 그녀의 설명이다.

〈빠드두〉의 초콜릿은 예술이다

2010년 8월에는 그녀가 오랫동안 꿈꿔왔던 공간, 초콜릿 문화연구원 〈빠드두〉가 문을 열었다. 초콜릿을 알리고 연구하며, 더 많은 사람이 초콜릿 문화를 즐길 수 있도록 알리겠다는 의지를 담아낸 공간이다. 일부는 카페로 운영되지만, 초콜릿을 널리 알리기 위한 문화원의 색이 짙다. 시원스러운 파란색이 도드라지는 문을 열면, 건물 전체에서 풍겨 나오는 달콤한 초콜릿 향기가 풍긴다.

거대한 샹들리에가 달린 계단을 올라가면 2층, 초콜릿과 초콜릿으로 만든 음료를 내놓는 '쇼콜라테리'다. 카페 안에는 초콜릿으로 만든 옷, 초콜릿을 깎아 만든 조각이 전시되어 있어서 마치 갤러리에 온 듯하다. 김성미 대표의 손에서 나온 작품들이다. 쇼케이스에는 차마 입에 넣기 아까운 예쁜 초콜릿이 진열되어 있다. 내게 초콜릿을 내어준 직원이 유달리 상냥하고 즐거워 보인다 했더니만, 〈빠드두〉에서 교육받은 쇼콜라티에가 그곳에서 초콜릿을 판다고 한다. 역시 즐기면서 일하는 사람의 흥은 당해낼 재간이 없다.

3층으로 올라가면 초콜릿 강의가 진행되는 강의실이 넓게 자리한다. 초콜릿 만드는 기술이야 레시피만 따라하면 누구나 할 수 있는 것들이지만, 김성

미 대표는 단순히 제품을 만드는 것 이상을 추구한다. 그녀는 "제품만 판매하는 사람과 작품 활동을 하는 사람은 엄연히 다르다."라고 말한다. 나도 그 의견에 전적으로 공감한다.

그녀가 만든 초콜릿은 다르다. 레시피를 똑같이 한다면 겉모양이 똑같은 초콜릿을 내놓을 수 있을지 모르지만, 그 안에 담긴 이야기와 그녀의 철학까지 흉내 낼 수는 없다. 머릿속에서 나온 영감을 초콜릿에 담아 작품 활동하는 것을 중요하게 여기는 그녀다. 그러한 작업 없이는 초콜릿을 가르칠 수도, 판매할 수도 없다고 생각하는 김성미 대표 그녀의 소신이 담긴 초콜릿은 그 누구도 따라할 수 없는 그녀만의 특별한 레시피로 만들어 졌다. 〈빠드두〉에서 만난 초콜릿은, 초콜릿이라기보다 예술에 가까웠다.

카페는 떡이다

CAFE INFO
전화번호 | 02.720.0704 주소 | 서울 종로구 소격동 104 영업시간 | 12:00~21:00

모든 것은 변한다. 십 년이면 강산도 변하고, 때때로 사람의 마음도 변한다. 일단 허물고 보자는 심산으로 와장창 때려 부순 다음 새 건물을 뚝딱 지어 올리는 요즘 같은 세상에, 아직 고풍스러운 한옥이 어깨를 맞댄 골목이 있다. 삼청동이다. 사람들이 삼청동이라고 부르는 곳은, 사실 삼청동 일대를 말한다. 안국동, 소격동, 재동, 계동, 팔판동, 가회동까지 여러 마을이 오밀조밀하게 뭉쳐진 그곳을 뭉뚱그려 삼청동이라 부르곤 한다. 한옥과 트랜디한 숍이 어우러진 독특한 분위기에 이끌려 내국인은 물론, 외국인의 발길도 끊이지 않는다. 수년 전에는 누군가의 보금자리였을 오래된 한옥이 속속 팔리고 개조되어 카페로 변신하는 일이 빈번해졌다.

세 가지 반전

소격동의 시끌벅적한 골목길에서 샛길로 살짝 빠지면, 분홍색 문이 달린 고즈넉한 한옥이 보인다. 전에는 곰팡이가 피어있던 허름한 대문이었다. 문을 열고 들어가면 첫 번째 반전이 기다린다. 카페 안은 아기자기함이 돋보이는 깜찍함으로 중무장하고 있다. 의외다. ㄱ자 모양의 전통 한옥을 고쳐 만들어 예스러운 모습일 줄 알았다. 삼청동 특유의 오래된 멋은 그대로 둔 채, 젊고 톡톡 튀는 감각을 불어넣어 앙증맞은 공간으로 재탄생했다.

　　세 개의 2인용 테이블을 지나면, 투명한 유리로 된 쇼케이스가 보인다. 안에는 조막만 한 컵케이크 열 댓 개가 놓여 있다. 파스텔톤의 은은한 빛깔이 제각각이어서 맛볼 케이크를 고르기 위해 눈을 진열장에 바짝 갖다 댔다. 두 번째 반전이다. 흡사 작은 컵케이크로 둔갑했던 그것은 컵케이크가 아니었다.

떡 케이크였다. 떡을 판다고? 그럼 얼핏 생각하기에 궁중음식 연구가나 나이 지긋한 어머님께서 운영할 것 같은 느낌이 막연하게 든다. 마지막 반전이다. 우리 떡을 파는 이 카페는 젊고 아리따운데다 상냥하기까지 한 아가씨 김희성 대표가 운영한다.

컵케이크? 떡 케이크!

〈희동아 엄마다〉는 떡 카페다. 한 때 파워 블로거였던 김희성 대표의 블로그 아이디 '김희동'에, 아낌없이 주고 싶은 엄마의 마음을 담아내겠다는 의지를 덧붙여 카페 이름을 지었다. 어릴 때부터 요리에 관심이 많았던 그녀였지만, 부모님의 반대로 일반 대학에서 경제학을 전공했다. 하지만 끼는 감출 수 없는 법. 외식 분야의 관심을 살려 당시 처음 생긴 맛집 동호회에서 적극적으로 활동했다.

떡에 본격적으로 관심을 두게 된 건, 졸업 직전 뉴욕으로 떠난 어학연수 때문이다. 당시 웰빙 바람이 불어 채소와 쌀이 주재료인 한국 음식에 대한 관심이 뜨거웠는데, 그곳에서 만난 우리 떡은 돌덩이 같았던 인절미였다. 모양새는 볼품없었지만 한국보다 가격은 2배 이상 비쌌다. 요리전문 학교에 갈 요량이었는데 생각을 고쳐먹고 한국으로 돌아와 한국전통음식연구소에서 떡을 배웠다.

이곳의 대표 메뉴는 작은 떡이다. 손바닥에 올려놓으면 손바닥 안에 쏙 들어올 만큼 아담한 크기다. 생긴 것은 꼭 컵케이크처럼 생겼다. 따듯하게 데운 떡 위에 부드러운 팥 크림이 올라가 있다. 작은 떡을 먹을 때는 반을 쩍 갈

찹쌀 파이

우유 빙수

라서 속과 팥 크림, 설기를 한번에 먹어야 제맛! 속에 들어가는 재료에 따라 종류도 가지각색이다. 직접 추출한 에스프레소를 넣어 커피 향이 일품인 커피 작은 떡은 진한 아메리카노나 우유 거품이 잔뜩 올라간 카푸치노와 궁합이 맞는다. 흑임자 작은 떡은 뱃속에 검은 깨가 잔뜩 들어 있어서 배를 가르면 까만 속이 와르르 쏟아지는 건강 떡이다.

　가장 많이 팔리는 건 단연 딸기 작은 떡. 딸기의 새콤달콤한 맛과 먹음직스러운 분홍빛 때문인지 불변의 인기 메뉴다. 그 외에 초콜릿 케이크에 뒤지지 않는 짙은 맛을 자랑하는 초코 작은 떡, 보성에서 나온 녹차 가루로 맛과 향을 낸 녹차 작은 떡, 블루베리의 만만치 않은 단가에도 꿋꿋하게 버티고 있는 블루베리 작은 떡 등이 있다. 항상 신선한 떡을 제공하기 위해 정해진 양만큼만 떡을 만들기 때문에, 저녁 시간에 가면 선택의 여지가 없을 수도 있다. 아침에 쪄놓은 떡을 내 줄 때는 한 번 더 쪄서 따끈하게 내준다.

　작은 떡 말고도 눈에 띄는 메뉴가 몇 가지 더 있다. 버터 없이 찹쌀 위에 통팥, 피칸, 호두, 밤 등을 올려 구워낸 찹쌀 파이는 오도독 씹히는 식감과 폴

깃함이 어우러져 맛을 더한다. 뚝배기에 담긴 우유 빙수도 맛있다. 진정한 팥 빙수 마니아들은 추운 겨울에도 빙수를 즐겨 먹는다. 얼린 우유를 갈아 달콤한 팥과 고소한 콩가루, 매일 아침 직접 쪄내는 인절미를 곁들인다. 처음에는 양껏 주고 싶은 마음에 예쁘장한 유리그릇에다 최대한 쌓아 올렸는데, 행여나 흘릴까 봐 조심스럽게 먹는 모습이 안쓰러워 그릇을 바꿨다. 남대문을 샅샅이 뒤져서 찾아낸 속 깊고 넓은 뚝배기에 우유 빙수를 담으니 양도 많고 덜 녹아 실용적이다.

보지도 듣지도 못했던 생소한 메뉴 탄산 아메리카노와 와사비 우유도 있다. 맛은 독자의 상상력에 맡기겠다. 개인적인 코멘트를 하자면, 의외로 먹을 만 하다는 것.

떡의 변신은 무죄!

김희성 대표는 단지 고픈 배를 채우거나 간식으로 먹기 위해 만들었던 투박하고 소박한 떡에서 벗어나, 서양의 케이크에 견주어도 손색이 없을 만큼 예쁜 떡을 만드는 데 힘을 쏟았다. 콩, 팥, 깨, 밤, 대추, 쑥, 꿀 등 토속적인 재료만 쓰는 데 그치지 않고 과감하게 창의력을 발휘했다. 빵이나 쿠키에 사용하는 재료를 써서 좀 더 가볍게 즐길 수 있는 색다른 떡 메뉴가 나왔다. 떡의 변신은 무죄다. 언젠가 상큼한 레몬이 들어간 시루떡으로 고사를 지내고, 초콜릿 맛 나는 송편으로 한가위를 보내는 날이 오게 될지도 모르겠다.

별별 디저트 다 모였다

똥 케이크

1. 똥 케이크　　마카롱과 갖가지 달콤한 케이크가 가득한 프랑스 과자점, 르쁘띠푸. 그중 눈에 유난히 눈에 띄는 케이크가 있었으니 작은 까까 케이크, 일명 '똥 케이크'다. 까까는 프랑스어로 '똥'이란 뜻, 어감은 좀 그렇지만 우리 말로 고치면 똥 케이크 맞다. 헤이즐넛 다쿠아즈 시트에 요거트 생크림을 올려 느끼하지 않은 부드러운 맛이다. 건포도와 아몬드로 '파리' 모양을 내서 더욱 귀여운 케이크.　　르쁘띠푸 Le Petit Four 02.322.2669 서울 마포구 상수동 86–37 2층

2. 타르트 타탄　　미리 만들어 놓지 않고 주문 후 바로 메뉴를 만들어내 는 라이브 디저트 카페. 20~30분 정도를 기다려야 하는 불편함이 있지만, 기다 려도 억울하지 않을 만큼 맛있는 디저트를 내놓는다. 타르트 타탄은 직접 구운 바삭한 파이에 커스터드 크림, 그 위에 수제 아이스크림과 설탕에 졸인 달콤한 사과를 얹어 만든다. 층층이 쌓인 모습이 아슬아슬하다. 얼른 먹지 않으면 이

타르트 타탄

셈라

이스크림이 녹아 줄줄 흘러내린다. 잔말 말고 일단 먹고 보자.

비 스위트 온 Be Sweet On 02.323.2370 서울 마포구 서교동 339-3 2층

3. 셈라　　　피카는 스웨덴어로 커피를 마시면서 담소를 나누는 티타임을 의미한다. 스웨덴 디저트와 음료가 있는 피카에서는 빵 속에 아몬드 커스터드 크림을 넣은 셈라를 맛볼 수 있다. 스웨덴 사람들이 즐겨 먹는 빵인데, 다양한 방법으로 즐길 수 있다. 빵을 먹듯 커피와 곁들여도 좋고, 셈라에 우유를 부어 든든한 간식으로도 안성맞춤.

피카 FIKA 02.511.7355 서울 강남구 신사동 549

4. 모찌텐　　　일본 혼슈의 와카야마현, 고야산 부근에 있는 모찌 전문점이 한국에 상륙했다. 400년에 걸쳐 7대째 모찌를 만드는 부모님의 뒤를 이어, 8대

모찌

째 모찌를 만들고 있는 니시가이토 유이치 씨가 오픈한 가게 이치모치. 대대손
손 이어져 내려오는 전통 방식을 고수하여 만든 모찌를 선보인다. 튀긴 모찌인
모찌텐은 겉은 바삭바삭, 속은 부드럽고 쫀득쫀득하다. 커피 맛, 맛차 맛, 깨 맛
세 가지.

이치모치 02.3143.1150 서울 마포구 서교동 382-8 1층

5. 당고　　　　국산 찹쌀과 멥쌀, 연두부 등을 넣어 동글동글 빚은 당고는 일
본식 꼬지 경단이다. 단팥, 녹차 팥, 딸기 팥, 간장 4가지 맛의 당고를 하루 3번
씩 만들어 낸다. 직접 쌀을 빻아다가 아침에 반죽을 치대 정성 담아 만드는데,
쫄깃한 맛이 일품! 한 꼬치에 단돈 1,300원이다. 한 알씩 쏙쏙 빼 먹는 재미가
쏠쏠하다.

당고집 070.7573.3164 서울 마포구 합정동 356-9

당고   카스텔라

6. 카스텔라   일본 나가사키의 카스텔라 전통방식으로 만든다. 나무틀을 이용해 수작업으로 한 판 한 판 정성스럽게 구워 낸다. 오랫동안 약한 불에 천천히 굽고, 다시 저온에서 숙성한다. 반죽에서 완성까지 3일이 걸린다. 카스텔라를 만들기 위해 쓰이는 재료 외에 일체의 첨가물이나 보존료를 넣지 않는다. 단맛이 강한데, 설탕량은 줄이고 야생 벌꿀로 달콤함을 더했다. 소박하고 정겨운 느낌이지만, 만드는 과정은 제법 까다로운 카스텔라.

에 마미 살롱 드 떼 et M'amie 070.4115.7594 서울 종로구 통의동 108

CAFE CULTURE 만약 그때, 이렇게 맛있는 두부를 주었더라면…. 교토푸

카페는 두부다

시그니처 스위트 토푸

CAFE INFO

전화번호 | 02.749.1488 주소 | 서울 용산구 한남동 682-1 1층
영업시간 | 평일 11:00~24:00 주말 10:00~24:00

지금은 편식을 덜 하지만, 어렸을 때 나는 정말 편식이 심한 아이였다. 내 젓가락이 닿지 않는 음식은 상상을 초월했다. 향긋하고 쫄깃한 식감의 버섯, 회를 비롯한 익히지 않은 해산물, 심지어 그 맛있는 삼겹살마저 비릿하다는 이유를 들어 먹지 않았다. 지금은 앞뒤로 살짝 구워서 핏기가 가시기 전에 날름 먹어 치우는 소고기도 질기다는 핑계로 손도 대지 않았다. 당근, 각종 나물 등 어린이가 대체로 좋아하지 않는 음식을 거들떠 보지 않았음은 물론이다.

특히 콩으로 만든 웬만한 음식은 모두 가렸다. 밥 속에 있는 콩을 보면 표정이 일그러졌다. 그렇다고 밥그릇에서 꺼내놓자니, 엄마한테 된통 혼이 날 것이 뻔했기 때문에 콩밥을 먹을 때는 깨작깨작 거리며 억지로 콩을 삼켰다. 온 국민이 즐겨 먹는 된장찌개에도 숟가락을 담그지 않았다. 지금은 구수하게만 느껴지는 된장 특유의 냄새가 싫었다. 된장찌개에 꼭 들어가는 두부는 내게 불청객이나 다름없었다. 부드러운 순두부를 넣은 얼큰한 순두부찌개도, 두툼하게 썰어 노릇하게 부쳐낸 두부 부침도 영 내 입맛이 아니었다.

만약 그때, 이렇게 맛있는 두부를 주었더라면 두부를 바라보는 내 시선이 한결 부드러워지지 않았을까? 적어도 스무 살을 훌쩍 넘겨서 두부의 담백함을 알아차리는 일은 없었을 것이다. 이태원의 재패니즈 디저트 바 앤 다이닝 〈교토푸〉에서 맛있는 두부를 진작 만났더라면!

디저트와 두부의 궁합, 제 점수는요!

한강진역 3번 출구로 나와 꼼데가르송 길을 따라 제일기획 쪽으로 걷다 보면, 하얗게 칠한 깔끔한 건물 위에 톡톡 튀는 핫핑크로 멋 부린 간판 〈교토푸〉가 보인다. 2006년 뉴욕 맨해튼에 처음 선보인 이 가게는, 매일 매장에서 손수 만든 두부 디저트를 내놓는 곳이다. 언뜻 맛을 그려보면 디저트와 두부는 썩 어울리지 않을 것 같은 조합이지만, 〈교토푸〉의 두부 디저트를 맛보고 나면 생각이 달라진다. 절묘한 궁합이다.

　다른 데서는 맛볼 수 없는 이채로운 메뉴가 대부분이다. 콩, 현미, 맛차, 일본식 된장, 참깨, 유자, 겨자 등 지극히 '일본스러운' 음식재료를 써서 신선하고 독특한 디저트로 색다른 경험을 선사한다. 서양요리에서 주요리를 모두 내

크렘 브륄레

치즈 케이크

흑임자 아이스크림

크렘 브륄레

치즈 케이크

흑임자 아이스크림

온 다음 제공되는 달콤한 요리가 디저트다. 이것을 일품요리로 발전시켜서 디저트만으로도 훌륭한 요리가 될 수 있다는 사실을 증명해 보인다.

〈교토푸〉가 생겼을 당시 뉴욕에는 일본식 디저트가 거의 없다시피 했다. 가볍게 즐길 수 있는 수제 두부로 만든 디저트는 열량이 그리 높지 않으면서 적당히 달콤하고 맛있다. 맛은 물론 먹기 아까울 정도의 예쁜 데코레이션으로 보는 즐거움까지 책임진다. 두부로 만든 디저트는 20대, 30대 여성들의 입맛을 사로잡기에 충분했다. 뉴욕에서 탄탄하게 자리 잡은 〈교토푸〉, 2010년 10월에는 서울 한남동에 〈교토푸〉 지점을 오픈했다. 신선한 두부 디저트를 서울에서도 맛볼 수 있게 된 것. 두부의 원료와 주요 음식재료는 일본에서 공수해다 쓴다. 특색있는 재료 본연의 맛은 살려주고, 디저트 특유의 지나친 단맛은 줄여서 한국인의 혀끝에 착 감긴다.

〈교토푸〉의 주방은 손님들이 앉는 테이블 사이에 다정하게 어우러져 있다. 투명해서 속이 훤히 들여다보인다. 메뉴를 주문하면 오픈 키친에서 달콤한 향기를 내뿜으며 디저트를 만들어낸다. 디저트 제조 과정을 A부터 Z까지 여과 없이 공개한다. 내 입 속에 들어갈 디저트가 어떻게 만들어지는지 궁금하다면, 혹은 넋 놓고 앉아 기다리는 시간이 지루하게 느껴진다면 오픈 키친으로 가서 만드는 과정을 세세하게 보면 된다.

디저트, 골라먹는 재미가 있다

〈교토푸〉에서 자신 있게 추천한 메뉴는 시그니처 스위트 토푸 Signature Sweet Tofu다. 부드러운 두부 푸딩 위에, 흑설탕으로 만들어 검은 시럽을 곁들여 내는 디저트다. 둥근 유리컵에 담겨 나오는 두부는 우유빛깔 여인의 살결처럼 야들야들하다. 그 위에 막대 장식을 올려 모양을 냈다. 막대 장식을 만드는 방법은 의외로 간단하다. 검은깨와 설탕으로 만든 반죽을 오븐에 넣고 살짝 구워내면 그물 모양의 달콤한 데코레이션이 완성된다. 연두부보다 좀 더 탱탱한 식감이다. 푸딩처럼 촉촉하고 말캉해서, 한 숟가락 떠서 입에 넣고 오물거리면 사르르 녹아 금세 사라진다. 흑설탕 시럽을 넣지 않고 두부만 떠먹으면 담백하고 정갈한 맛을 내고, 시럽을 부어 두부와 섞어 먹으면 흑설탕 특유의 단맛이 여운을 남긴다.

진한 맛차 향의 크렘 브륄레와 유자 셔벗, 두부를 넣어 거품처럼 부드러운 치즈 수플레, 고소한 두유 아이스크림, 막걸리 소르베 등 일일이 언급할 수 없을 만큼 많은, 좀처럼 맛을 짐작해볼 수 없는 디저트가 호기심을 자극한다. 이럴 때 어느 것 하나만 딱 고르기가 쉽지 않다면, 셰프에게 선택을 미루는 것도 좋은 방법이다. 셰프가 추천하는 특선 디저트 세트, 오마카세 Omakase를 주문하면 셰프가 메뉴를 골라 알아서 내온다. 3가지 아이템, 7가지 아이템 중 선택할 수 있다.

이날 셰프가 내놓은 3가지 디저트는 검은깨가 들어가 고소한 흑임자 아이스크림, 두부를 넣어 담백한 치즈 케이크, 부드럽고 달콤한 크렘 브륄레다. 크렘 브륄레는 프랑스 후식의 일종으로, 달걀노른자와 우유 등을 넣어 만든다. 노르스름한 것이 달걀찜을 닮았다. 표면에 설탕을 얇게 깔고, 쿠킹 토치를 이용해 센 불로 설탕을 녹여 만든다. 열에 민감한 설탕이 타지 않도록 녹여주면 얇은 막이 생기는데, 이것을 티스푼으로 톡톡 두들겨 예술적으로 얇은 설탕 막을 깨서 먹는다.

골라먹는 재미가 있는 〈교토푸〉에서는 수제 두부에 여러 식재료를 더한 색다른 디저트뿐 아니라 브런치, 런치, 디너 등 출출함과 건강을 함께 챙기는 식사도 할 수 있다. 밤에는 바Bar로 운영되어 사케, 칵테일 등의 주류도 가볍게 즐길 수 있다.

CAFE THEME

1. 10cm- 사랑은 은하수 다방에서

"사랑은 은하수 다방 문앞에서 만나 홍차와 냉커피를 마
시며 매일 똑같은 노래를 듣다가 온다네"

그룹 10cm는 MBC '무한도전 – 서해안 고속도로 가요제 특집'
에 출연해 이 노래를 열창했다. 곡 작업을 위해 찾은 홍대 앞의 〈은
하수 다방〉에서 "곡을 주로 이곳에서 쓴다."라고 말해 시선을 끈 바 있
다. 간판에 적힌 대로 읊어보자면, '몽마르뜨 언덕 위 은하수 다방'이다. 옛날 다
방의 느낌이 물씬 풍기는 카페. 한쪽에 DJ는 없지만 레코드판이 빽빽하게 꽂힌 뮤
직 박스가 있고, 네모난 옛날 성냥갑도 있다. 차마 계란까지 동동 띄우지는 못했으나, 쌍화차도
있다.
가만 생각해보니, 나도 전 남자친구와 '사귈까? 말까?' 갈팡질팡하고 있을 때, 이 카페에 들른 후
그 남자와 사랑에 빠졌었다. 물론 지금은 헤어졌다. (들리는 바로는, 결혼까지 했다더라. 난 괜찮
아, 난 쿨하다고!)

2. 윤종신- 팥빙수

"팥 넣고 푹 끓인다 설탕은 은근한 불 서서히 졸인다 졸인다 빙수용 위생 얼음 냉동실 안에
꽁꽁 단단히 얼린다 얼린다 프루츠 칵테일의 국물은 따라 내고 과일만 건진다 건진다"

무더운 여름, 카페 메뉴에 빠지지 않고 등장하는 계절 메뉴! 팥빙수다. 윤종신이 〈팥빙수〉란 곡에
서 칭찬해 마지않았던 팥빙수지만, 노래에 등장하는 조리법대로 팥빙수를 제조하면 내가 딱 싫어
하는 팥빙수가 나온다.
일단, 팥이 팍팍 들어간 팥빙수가 옛맛에 가까울지 몰라도 내 입맛에는 영 달갑지 않다. 게다가
설탕을 잔뜩 넣고 졸인 팥에, 후르츠 칵테일에서 갓 건진 다디단 과일까지 얹었다? 이쯤 되면 최
악이다. 안 그래도 단맛이 거의 주를 이루는 팥빙수에다 연유를 들이붓고, 잘 씹히지도 않는 딱딱
한 젤리까지 넣었다면 먹기 전에 녹아버린다 해도 전혀 아쉽지 않다.
윤종신 노래 〈팥빙수〉표 옛날 팥빙수를 먹느니, 슈퍼 냉장고 안에 꽁꽁 언 상태로 한 무더기 쌓여
있는 빙그레 팥빙수에 우유를 부어 먹는 편이 나을 수도 있다. 적어도 내 경우에는 그렇다. 슈퍼
에서는 50% 할인까지 해주니까!

3. 장기하와 얼굴들- 싸구려 커피

"싸구려 커피를 마신다 미지근해 적잖이 속이 쓰려 온다 눅눅한
비닐 장판에 발바닥이 쩍하고 달라붙었다가 떨어진다"

20대 청춘의 고뇌를 해학적으로 풀어내는 포크록 음악의 차세대
주자, 장기하. 커피만큼이나 씁쓸한 곡 '싸구려 커피'는 군 복무 시
절 그가 끊임없이 커피를 타다가 만든 노래다. 이등병 시절에 YTN

을 보면서 커피를 계속 탔다고. 가사에 속이 쓰리다는 이야기가 나오는데, 실제로 그는 속이 쓰려서 커피를 별로 안 좋아한다. 꼬리에 꼬리를 물고 커피에 대한 경험과 소재가 떠올라서 만든 노래가 바로 이 노래.

4. 10cm- 아메리카노

"아메 아메 아메 아메 아메 아메리카노 좋아 좋아 좋아 아메리카노 진해 진해 진해 어떻게 하노 시럽 시럽 시럽 빼고 주세요 빼고 주세요"

어쿠스틱 음악씬의 새로운 아이콘으로 떠오른 10cm, 중독성 강한 '아메리카노'로 선풍적인 인기를 끌며 스타밴드로 등극했다. 이 노래를 듣고 있으면 자연스럽게 커피가 마시고 싶어진다.
그건 그렇고, 이 사실 알고 있나? 10cm의 '아메리카노'가 청소년 유해매체물로 19금 판정을 받았다는 사실! 여성가족부가 문제 삼은 부분은 '이쁜 여자와 담배 피고 차 마실 때'와 '다른 여자와 키스하고 담배필 때'란 부분이다. 일단 '담배'라는 단어를 가사에 직접적으로 사용한 것에 딴지를 걸었고, 다른 여자와 핀다고 노래해 건전한 교제를 왜곡했다는 점을 지적했다. 정말, 한숨만 나온다. 그건 좀 아닌 것 같은데.

5. 커피소년- 아메리카노에게

"그 향을 쫓아간 곳에 그곳에 니가 있었지 넌 그렇게 그윽한 미소로 나를 반겨주었지 그리 화려하진 않아도 따뜻한 너의 그 품이 달콤하진 않아도 변치 않는 무덤덤함이 좋아"

'이걸 왜 마셔?'라고 생각하며 쓰디쓴 아메리카노를 왜 마시는지 이해할 수 없었지만, 커피를 좋아하는 한 여인을 따라 커피를 마시다가 커피를 좋아하게 되었다는 커피소년. 사랑의 마음을 음악으로 표현하는 그의 노래는 잔잔하고 감미롭다.
그의 이름은 커피소년이다. 운영하는 사이트 주소는 iamcoffeeboy.com이며, 한 곡씩 작업을 할 때마다 첫 번째 로스팅, 두 번째 로스팅이라고 순번을 붙인다. 심지어 콘서트에는 '커피소년, 카페 열다'라는 타이틀을 걸었는데. 그는 아직도 그녀를 사랑하고 있을까? 문득 궁금해졌다.

5

카페는
훈훈하다

카페는 평화다

짜이

CAFE INFO

전화번호 | 070.4045.6331 주소 | 서울 종로구 사직동 1-7 영업시간 | 12:00~20:00

중국 남서부의 티베트는 네팔, 부탄과 닿아있다. 1950년 중국 침략 이후 중국 정부의 통제를 받고 있다. 당시 수많은 승려가 시위를 벌이다 투옥, 사형되는 일이 빈번했고, 전체 인구의 6분의 1에 달하는 120만여 명이 죽임을 당하는 대학살이 일어났다. 그 후 그들의 신이자 정신적 지주인 달라이 라마가 다람살라에 티베트 망명정부를 세웠다. 인도 전역에 약 10만여 명의 티베트 난민이 살고 있다.

티베트 사태는 현재 진행형이다. 2008년, 내가 북인도의 맥그로드 간즈에 머물고 있을 때 티베트 유혈 사태가 벌어졌다. "Free Tibet" 현수막이 내걸리고 나라를 구하기 위해 시위하는 그들을 보고 있자니 마음이 편치 않아서 예정보다 그곳을 빨리 떠났던 기억이 있다. 티베트 난민 사회가 당면하고 있는 현실은 생각보다 더욱 참담하다. 나고 자란 가족들과 생이별해야 했고 기후, 언어와 문화가 다른 곳에서 살아가야 하는 것이 티베트 난민들의 처지다. 극도로 부족한 고용 기회에 시달리고 있어 불투명한 미래에 대한 젊은이들의 좌절감과 상실감이 큰 문제로 대두되고 있다. 무엇보다 유서 깊은 티베트 전통문화가 사라지고 있어 안타깝다.

뜻있는 사람들의 마음과 마음이 모여

다람살라에는 2005년 9월에 문을 연 무료 탁아 시설 〈록빠〉가 있다. 록빠는 "같은 길을 함께 가는 친구 또는 돕는 이"라는 의미의 티베트 말이다. 한국 여성인 빼마와 티베트인 잠양 부부가 설립한 〈록빠〉는 티베트 난민 사회의 경제적, 문화적 자립을 돕는 NGO 비정부 단체다. 경제적으로 녹록지 않은 가정의

3세 미만의 영, 유아들을 티베트 여성과 세계 각국의 자원 활동가들이 돌보고 있다. 탁아소에 아이를 맡기는 부모들은 도움을 받는 것에 그치지 않는다. 돌아가면서 탁아소 청소를 돕고 바자회를 여는 등의 활동을 통해 탁아소에 이바지한다.

〈록빠〉에 머물며 일을 돕는 우리나라 여행자도 제법 많다. 인도여행 길에 올랐다가 우연히 알게 되어 자원봉사를 하는 사람도 있고, 소문을 듣고 봉사를 위해 다람살라로 향하는 사람도 있다. 짧게는 몇 주, 길게는 몇 달간 봉사를 한다. 사람들은 그곳에서, 마음을 다해 서로 돕는 삶을 몸소 체험한다. 말로 다 할 수 없는 값진 시간을 보낸다.

그들이 한국에 돌아와서도 티베트 난민들과의 인연을 이어나갈 수 있는 공간이 있다. 〈록빠〉의 두 번째 프로젝트인 〈사직동 그 가게〉다. 카페 겸 가게다. 서울 배화여대 앞, 사직동에 둥지를 틀었다. 얼핏 보면 조금 외진 곳에 있는 카페와 다를 바 없어 보인다. 가게에 들여놓은 지갑, 가방, 스카프 등을 보면 이국적인 소품을 파는 가게쯤으로 여겨질 수 있지만, 이곳은 티베트 난민들의 평화운동을 알리고 동참하기 위해 만든 소통의 공간이다. 실상을 뜯어보면 아주 의미 있는 공간이라 꼭 소개하고 싶었다.

〈사직동 그 가게〉는 뜻있는 사람들의 자원으로 운영된다. 일주일 중 하루, 반나절의 시간을 꾸준히 낼 수 있는 사람들이 모여 카페를 꾸린다. 봉사인 만큼 보수는 없다. 티베트의 평화를 바라는 마음에서, 기꺼이 자신의 시간과 재능을 나눈다. 작고 협소한 공간이지만, 차 한 잔을 마시기에는 부족함이 없다. 이곳에서 사람들이 가장 많이 홀짝이는 것은 단연 짜이. 짜이는 홍차와 우유, 향신료와 설탕을 넣어 팔팔 끓여낸 인도식 밀크티다. 냄비에 인도 아쌈에

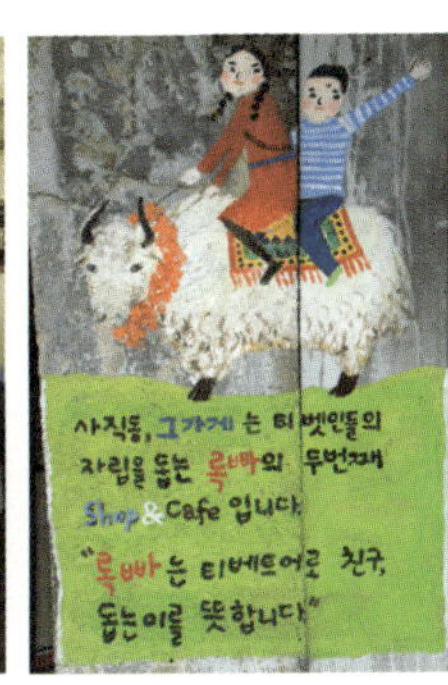

서 자란 홍차를 넣고 짜이를 끓인 다음, 거름망에 자잘한 찻잎을 걸러 컵에 따라준다. 〈사직동 그 가게〉는 인도에서 맛본 짜이 맛을 제대로 살려내는 몇 안 되는 곳이기도 하다. 내가 마신 짜이 한잔이 티베트 난민들의 자립을 돕는 데 일조한다. 인도에 다녀온 자원 활동가와 수다 한 판으로 인도여행의 기억을 새록새록 되살려 보는 건 덤이다.

멀리서 티베트 난민을 돕는 방법

가게 한편에서는 티베트 난민 여성들이 직접 만든 수공예품을 판다. 다람살라에 있는 록빠 여성 작업장에서 만든 물건이 대부분이다. 티베트 여성들이 재봉과 자수를 배우며 밝은 내일을 일구어내는 곳이다. 〈사직동 그 가게〉는 카페이기도 하지만, 생산자와 소비자를 직접적으로 연결해주는 공정무역 가게인 셈이다. 한 땀 한 땀 정성스럽게 바느질해 만든 가방, 나무를 베지 않고 대나무, 코끼리 똥, 솔잎, 면, 바나나 껍질 같은 식물 섬유로 만든 핸드메이드 노트, 솜

Indian
TEA
COFFEA
TOAST

씨 좋은 젊은 예술가들이 그린 그림엽서 등을 판다. 식음료와 수공예품의 수익은 모두 〈록빠〉 활동을 위한 후원금으로 쓰인다.

꼭 다람살라에 가지 않아도, 멀리서 티베트 난민을 도울 수 있는 방법이 제법 많다. 첫 번째, 재능을 기부하는 것이다. 음악, 미술, 공연, 사진, 영상, 디자인, 취재, 편집! 그 무엇이라도 좋다. 약간의 구르는 재주만 있다면 개인이든 단체든 환영한다. 두 번째는 금전적인 후원이다. 일대일로 33,000원을 후원하면 후원받는 아기와 가족에 대한 소식을 받아볼 수 있다. 40명의 아기들이 먹을 한 끼 식사 값인 10,000원이면, 이 돈으로 절대 살 수 없는 값어치의 행복을 누릴 수 있다. 세 번째, 탁아소에서 필요한 3세 이하 어린이를 위한 생활용품이나 장난감을 보내는 것도 큰 보탬이 된다. 옷이나 신발, 가방 등 깨끗하지만 쓰지 않는 물건도 다람살라 현지에서 열리는 바자회에서 귀하게 쓰인다.

"티베트라는 나라를 돕는 게 단순히 그 나라의 독립을 위한, 한 나라가 영토를 차지하는 문제라면 내가 함께할 이유가 없죠. 그러나 이 사람들이, 이러한 방법으로 나라를 찾는다면 세상의 평화를 증명하는 일이 될 거에요. 그런 점들이 저를 움직였고, 내 삶을 걸 가치가 있는 일이라고 생각하게 됐어요." 〈록빠〉를 운영하는 빼마 씨의 말이다. 〈사직동 그 가게〉는 평화의 다른 이름이다.

인도여행 중에 만난 짜이 한잔의 추억

〈사직동 그 가게〉에서 짜이 한잔을 홀짝이고 있노라면, 인도여행 생각이 간절해진다. 인도를 여행할 때 가장 많이 마시게 되는 음료, 짜이다. 침대칸이 있는 기차를 타고 수십 시간 이동할 때면 아침에 꼭 짜이 한잔을 마셨다. 어슴푸레 동틀 무렵, 사람들의 곤한 잠을 깨우는 소리 "짜이~ 짜이~". 짜이 파는 사람이 고래고래 소리치며 짜이를 파는 통에 단잠에서 깨는 일이 잦았다.

부산하게 기차 칸을 옮겨 다니는 짜이 장수에게 건네받은 짜이 한잔으로 하루를 열었다. 인도 사람들은 짜이와 함께 아침을 시작한다. "짜이 한잔을 마시기 전에는 일도 하지 않는다."라는 말이 있을 정도로, 짜이에 대한 애착이 남다르다. 북인도, 남인도 할 것 없이 전 국민의 사랑을 듬뿍 받는 짜이.

인도에서 나는 짜이 한잔의 위력을 맛보았다. 추운 겨울날, 북인도에서 마시는 짜이는 콧물이 주룩주룩 흐르는 날씨에 몸을 따뜻하게 덥혀 준다. 육수가 뚝뚝 흐르는 무더위 속에서는 이열치열 땀을 쭉 흘리게 해서 정신을 맑게 해준다 . 짜이 한잔이 사람과 사람 사이에 놓이면 두 사람의 마음을 이어 주기도 한다. 콩나물시루 같았던 버스에서 탈출하다시피 내렸을 때도 짜이 한잔이 제격이다. 압사할 위기에 시달리던 버스에서 내려 차를 마시면 가쁜 숨이 고르게 쉬어진다. 버스나 기차를 타고 새로운 도시에 당도하면 꼭 하는 것 중 하나가 짜이 마시기였다.

외국인인 내가 발견되면, 서로 앞다투어 길을 안내하겠다며 들러붙었다. 소형 엔진을 장착한 삼륜차 오토 릭샤를 모는 사람이 달려와 '신속하게' 모셔 주겠다 하고, 자전거를 개조한 사이클 릭샤 모는 사람도 잽싸게 뒤따라와 튼튼한 두 다리로 '저렴하게' 모셔다 드리겠다며 모여들었다. 여기에 시설 좋고 청결한 숙소를 소개해 주겠다는 호객꾼, '어디서 왔고, 어디로 가는지' 넘치는 궁

금증을 주체하지 못해 말을 걸어오는 호기심쟁이도 가세했다.

많은 사람에게 둘러싸이면 혼이 쏙 빠질 만큼 정신이 없었는데, 이때 나의 선택은 늘 짜이 가게였다. 달큰한 인도식 밀크티 한 잔을 마시며 숨을 돌리고, 가방 속에서 지도를 꺼내 펼쳐놓고 천천히 갈 곳을 정했다. 일단, "차 한 잔 마시자"라는 말 한마디로 대혼란이 말끔하게 정리되었다. 차를 마시는 시간만큼은 사람들이 느긋하게 기다려 주었다. 간혹 옆에 바짝 들러붙어 꼬드김을 멈추지 않는 호객꾼이 있긴 했지만, 고조되어 흥분한 목소리로 앞다투어 소리를 높이던 목청은 한결 부드러워졌다. 도대체 짜이 한잔에는 어떤 힘이 있길래. 차 한 잔이 사람과 사람 사이를 이어주는 연결 고리가 되고, 한결 차분한 마음을 갖게 하는 걸까?

나는 싸늘한 겨울, 북인도에서 현지인 틈에 끼어 마시는 이른 아침의 짜이를 최고로 꼽고 싶다. 단지 차 한 잔의 의미를 넘어서 꽁꽁 언 몸뿐 아니라, 마음까지 사르르 녹여주니까. 하지만 인도에 갈 여유가 없다면, 〈사직동 그 가게〉에 들러도 좋다. 그 맛과 똑같은 따뜻한 한 모금을 맛볼 수 있을 테니까.

  사람 흔적이 묻어나는 무인카페 **잎새바람**

카페는 내가 주인이다

CAFE INFO

전화번호 | 033.534.7873　주소 | 강원도 동해시 이기동 41　영업시간 | 10:00~22:00

강원도 동해시 이기동에는 〈잎새바람〉이라는 찻집이 있다. 대중교통으로 가는 건 포기해야 마땅할 법한 첩첩산중에 있다. 추운 겨울날, 찻집으로 향하는 길목의 풍경은 쓸쓸함을 자아낸다. 차 한 대가 간신히 지나갈 수 있는 좁은 길이 구불구불하게 이어져 있었다. 날씨가 싸늘해서 그런지 인적이 드물었다. 축 늘어져 퀭한 표정을 한 누렁이가 심드렁하게 바라보았고, 드문드문 앞발을 일으켜 세워가며 반가운 기색을 보이는 바둑이가 꼬리를 살랑거릴 뿐이었다.

　나뭇잎이 떨어진 숲에는 나뭇가지가 비쩍 마른 노인의 뼈마디처럼 앙상하게 드러나 있었다. 가끔 '휭' 소리가 났다. 칼바람이 나무 사이를 훑고 지나쳤다. 산에서 내려오는 물줄기가 세차게 흘렀다. 적막한 가운데, 청아하게 흐르는 물 소리가 끊이지 않았다. 낮에 다녀왔길 망정이지, 천만다행이다 싶었다. 밤이 되면 청아할 물소리가 천둥소리로 들리고, 앙상한 나뭇가지가 시커먼 형상으로 보여 틀림없이 오금이 저렸을 법한 모습이었다. 가로등의 희미한 빛 한 점 없이 어둑어둑할 것만 같았다.

주인의 부재, 무인카페

도착했다. 집 몇 채가 산 아래 옹기종기 모여 있었다. 그 끄트머리에 〈잎새바람〉이라는 간판을 단 찻집이 보였다. 널찍한 마당이 있는 이층집이었다. 뜬금 없이 닭소리가 나서 고개를 돌렸더니, 우리에 흰 닭이 푸드덕거렸다. 그 밑에는 토끼 두 마리가 꼬물거렸다.

　　별채도 있었다. 기웃거려보니 아궁이에 나무를 넣고 솥에다 물을 부어 불을 지펴 놓았다. 입구 옆에는 상큼한 빛깔의 그림 위에 적힌 시 한 편이 걸려 있었다. 문을 열고 안으로 들어갔더니 바깥이 훤히 들여다보이는 커다란 창이 있는 방이다. 불을 얼마나 뜨겁게 지폈는지 아랫목은 새카맣게 탄 흔적이 역력했다. 통나무로 만든 나지막한 찻상 두 개, 방석 몇 장이 깔려 있었다. 뜨끈한 아랫목에 궁둥이를 착 붙이고 차를 마실 수 있는 공간이다. 페트병에 담긴 생수 두 병, 물을 끓일 수 있는 전기 포트, 봉지에 담긴 갖가지 종류의 차와 그릇이 있었다. 일단 방안을 한 번 쓱 둘러보고는 바깥으로 나왔다.

　　마당을 건너 본채로 갔다. 본채 벽에는 담쟁이넝쿨이 말라 죽어 있었다. 아마, 여름에 이곳을 다녀갔다면 사정이 많이 달랐을 것이다. 무성하게 자란 풀 포기와 나무가 우거져 주변 풍경이 싱그러웠을 것 같다. 시원하게 흐르는 물줄기와 솔솔 불어오는 산바람이 머리카락을 흔들어 놓아 시원했을 터, 피서지로도 손색이 없었을 듯하다.

　　본채에도 역시 주인은 없었다. 살갑게 맞아주는 주인은 온데간데없고, 다녀간 흔적만 남아 있었다. 말끔하게 정리하고 청소한 뒤, 굵직한 나무를 갖다 놓아 불을 때 놓고 어디론가 사라졌다. 찻집인지, 골동품 가게인지 분간할 수 없을 만큼 오래되어 보이는 물건투성이다. 마치 시간이 멈춘 것처럼, 예스러운 물건이 고스란히 남아 있다. 언제 적에 만든 것인지 짐작할 수 없는 둥근 도자기, 지금은 장식품에 지나지 않을 흑백 텔레비전, 시간이 멈춘 듯 꼼짝하지 않는 고장 난 손목시계, 손가락을 번호에 맞춰 넣고 돌리는 옛날 전화기, 두들기면 탁탁 소리를 내는 타자기, 껍질이 벗겨진 볼링핀, 구멍 난 소쿠리, 냉장고만 하게 느껴지는 휴대 전화, 녹슨 화로, 줄 끊어진 기타, 텅 빈 양주병, 낡은

카메라까지. 없는 것 빼고 다 있었다. 사람 냄새가 물씬 풍기는 손때 묻은 물건이 많아서 정겨움이 배어 나왔다. 스피커는 잘 눈에 띄지 않았지만, 오래된 물건 사이 어딘가에서 음악 소리가 크게 흘러나왔다.

차는 알아서, 계산도 스스로

주인이 없으니, 차는 직접 끓여 마시는 게 이곳의 규칙이다. 주방에 들어가서 가스레인지 위의 주전자에다 직접 물을 끓인다. 맥심커피, 모과차, 석류차, 율무차, 쌍화차 등 봉지에 담긴 차를 골라 마시면 된다. 예쁜 찻잔과 컵 받침도 마련되어 있다. 차를 마신 다음에는 사용한 그릇을 깨끗하게 씻어놓고 가야 한다. 만사가 귀찮은 사람을 위해 종이컵도 두었지만, 나는 예쁜 찻잔에다 보기 좋게 차를 끓여 냈다. 찻잔을 가지고 주방에서 나와 테이블에 앉았다. 주위를 한 번 둘러보면 사람은 없지만, 여느 카페보다 사람의 향기가 더 짙게 풍긴다. 이곳을 다녀간 사람들이 벽면 가득 명함을 꽂아 놓았다. 나무로 된 테이블 위

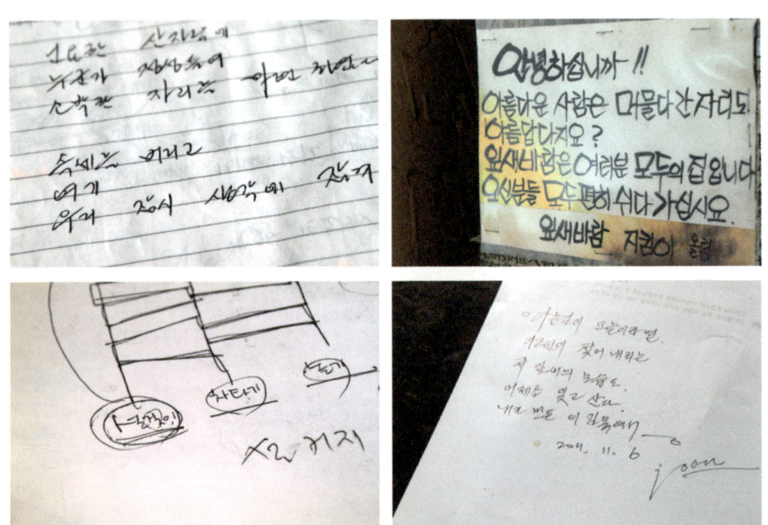

에는 꾹꾹 눌러 쓴 낙서가 있다. 누가 누구를 좋아한다는 둥, 몇 월 몇 일에 다
녀갔다는 식의 싫증 난 문구가 대부분이다.

　이곳에 드나들었던 사람들이 적어놓은 방명록도 수십 권이다. 얄팍한
공책도 있고 보험사 같은 데서 나누어주는 두툼한 다이어리도 있다. 심심함을
견딜 수 없었는지 오목, 빙고 등의 간단한 게임을 한 사람들, 설거지할 사람을
뽑기 위해 공정하게 사다리를 탄 사람들, 잠시 깊은 생각에 잠겨 자기도 모르
게 속내를 털어낸 사람들, 동해여행길의 추억을 새겨놓은 사람들. 방명록에 끄
적거린 내용도 제각각이다.

　〈잎새바람〉은 주인이 항상 가게에 머물지 않는 무인카페다. 고로 드나드

는 사람이 곧 주인이다. 이곳에서 즐겁게 지내고 난 다음에는, 양심통이라 붙여놓은 통에 1인당 3,000원을 넣고 나서면 된다. 간혹 양심 값을 내지 않고 줄행랑치는 사람, 설거지하지 않고 도망가는 사람이 있다고 한다. 부디, 양심을 집에 두고 온 사람들은 〈잎새바람〉에 얼씬도 하지 말기를!

카페는 나답게 사는 방법이다.

책 〈화성에서 온 남자 금성에서 온 여자〉에서는 남자와 여자를 이렇게 그린다. 화성이라는 별에 살던 생명체 남자가 등장한다. 그 남자가 망원경으로 천체를 관측하다가 금성에서 여자라는 생명체를 발견했다. 여자에게 반한 남자는 금성으로 가서 여자와 함께 지구별에 정착한다. 처음에는 서로의 차이를 인정하며 조화롭고 화목하게 살았다. 하지만 불행하게도 기억상실증에 걸리고만 두 남녀는 서로 다른 별에서 왔다는 사실을 기억하지 못한 채 사고방식, 생활 양식 등의 차이로 사사건건 부딪히기 시작한다.

CAFE INFO

전화번호 | 02.323.3406 주소 | 서울 마포구 연남동 366-27 영업시간 | 12:00~19:00

내 남자친구는 외계인?

나와 내 남자친구는 인도에서 처음 만난 2009년 3월부터, 3년 정도의 시간을 함께 보냈다. 처음에는 그럭저럭 큰 다툼없이 잘 지내는 듯했다. 하지만 함께 하는 시간이 길어지면서, 크고 작은 충돌이 일었다. 대체로 돈독하게 지냈지만, 되돌아보면 참 박터지게 싸웠다. 서로의 차이를 인정하고 존중해야 한다는 걸 막연하게 알고는 있었지만, 실생활에서의 실천은 말처럼 쉽지 않았다.

　　마치 다른 별에서 살다 온 것처럼 달라도 너무 달랐다. 청개구리를 옆에 둔 것마냥 내가 원하는 것과 반대로만 하는 내 남자친구. 벽을 보고 이야기하

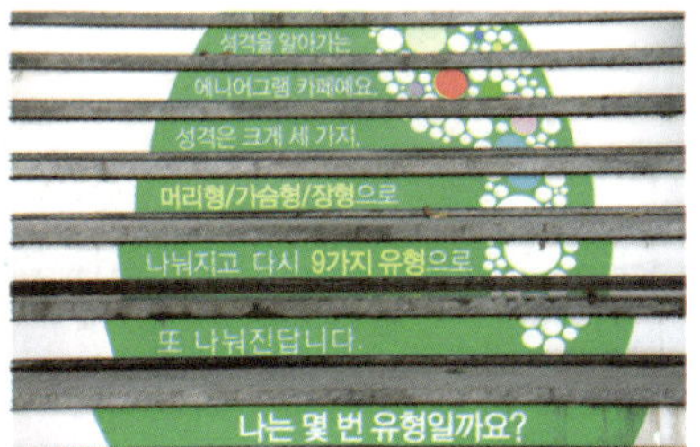

는 듯 답답했다. 대화로 풀어보고자 진심 어린 호소를 해 보아도, 삶은 호박에 이도 안 들어가는 것처럼 씨알도 안 먹힐 때가 잦았다. 생각이 하도 달라서 서로 자기 말이 옳다며 우기다가, 지나가는 사람을 붙들고 물어볼 위기에 처한 게 한 두 번이 아니다. 내게 별스러운 게 그에게는 시답잖은 일이었고, 그가 펄쩍 뛸만한 일들을 나는 대수롭지 않게 생각했다.

나만 갑갑했던 것은 아닐 것이다. 날 때부터 다른 배에서 나왔고 수십 년간 다른 환경, 다른 교육을 받으며 살아온 남녀가 만나 평화를 유지하며 지내는 건 기적에 가까운 일이다.

물론 노력한다면 방법이 영 없는 건 아니다. 속이 뻥 터질 만큼 답답해도 이 악물고 참거나, 그러거나 말거나 수수방관 내버려 두거나, 그것도 아니면 콩깍지를 뒤집어쓴 채 모든 걸 사랑의 힘으로 극복한다든가. 방법은 여러 가지지만, 참고 참고 또 참으며 '참을 인忍'자를 마음에 수십 개 새겨 넣는 것이 능사는 아니다. 저마다 타고난 성격이 있다. 나답게, 성격에 맞게 사는 게 양쪽 모두 행복하게 사는 길이다.

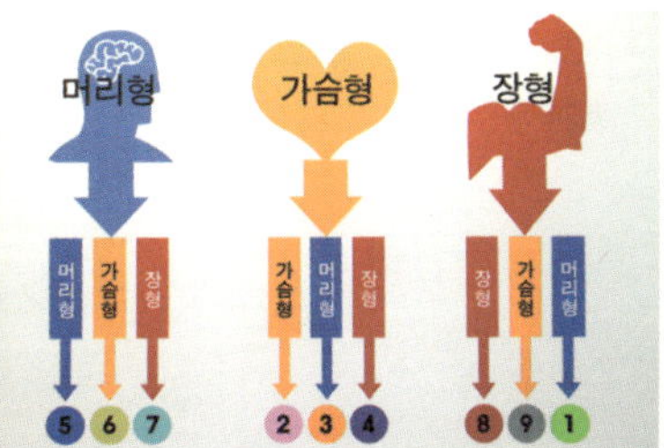

사람은 다 다르다. 다를 뿐이다, 틀린 건 아니다.

세월이 약이라고 했던가. 지금은 정도 들었고, 나도 그도 서로에 대해 어느 정도 알고 있다. 어떤 상황에 그 사람이 어떤 행동을 할지, 이제 조금 머릿속에 그려볼 수 있을 만큼이다. 그러나 여전히, 때때로 이해할 수 없는 행동을 하곤 하는 그. 그의 손을 다정하게 붙잡고 에니어그램 카페 〈다르다〉로 향했다. 각자의 타고난 성격을 알고 나면 다름을 이해하고 존중할 수 있지 않을까? 하는 바람직한 취지에서였다.

　서울 마포구 연남동의 주택가 한가운데, 집을 통째로 고쳐 만든 카페 〈다르다〉가 있다. 에니어그램 카페라니, 콘셉트가 이색적이다. 에니어그램은 그리스어로 아홉 개의 점이 있는 그림이라는 뜻이다. 약 4,500년 전, 현재의 아프가니스탄 지역에서 발생한 것으로 추정되는 고대의 지혜다. 사람을 9가지 유형으로 분류해, 누구나 이중 하나의 유형을 타고난다고 설명하는 인간학이다. 오늘날에는 심리학과 결합하여 기업의 인사 관리, 연인의 궁합, 아이들의 진로 적성 등에 응용한다. 9가지의 성격 유형에 앞서 크게 3가지로 나눈다. 논

리와 이성이 앞서는 머리형, 감성과 포용이 앞서는 가슴형, 솔직하고 과감한 행동파 장형으로 구분한다. 대부분의 사람은 혼합형인데, 중심이 되는 유형을 그 사람의 기본 성격으로 본다.

잔디가 깔린 널찍한 앞마당을 가로질러 안으로 들어가면 온통 연인 뿐이다. 서로에 대해 잘 몰라 호기심이 철철 넘치는 연애 초기의 신선한 커플, 몇 차례 크고 작은 싸움을 겪은 뒤 이곳을 찾은 연애 중기의 친밀한 커플. 커플 천지다.

성격 유형을 알아보기 위한 에니어그램의 시작은 설문지 작성이다. 정확히 알아보기 위해 나를 솔직하게 표현하는 건 필수, 아무리 그에게 잘 보이고 싶다 하더라도 이미지 포장은 금물이다. 인정하고 싶지 않겠지만, 내 단점도 또렷하게 바라봐야 있는 그대로의 나를 파악할 수 있다. 진짜 나와 되고 싶은 나를 헷갈려선 안 된다. 설문이 끝나면 설문지에서 나온 결과를 토대로, 있는 그대로의 나를 돌아본다. 스스로 성격을 파악할 수 있도록 구성해 놓은 방에 들어가 자신의 유형을 파악한 다음, 상담을 통해 자신의 유형을 명확히 한 후 결과지를 받으면 된다. '그래서 어쩌라고?'라는 푯말이 붙은 방에 들어가면 유형별 성격, 관계, 적성 등에 대한 해설을 살필 수 있다.

에니어그램으로 본 그와 나는 역시 달랐다. 나는 가슴형에 가까운, 그는 머리형에 가까운 유형이어서 시시콜콜한 문제로 부딪힐 수밖에 없는 형국이었다. 카페 〈다르다〉에서는 성격이 좋고 나쁨을 가려내는 게 아니다. 다름과 차이를 인정하고 본래의 성격에 맞게 살아가되, 타고난 성격을 좋은 방향으로 발전시키는 방향을 모색해 보는 것이다. 모두가 다를 뿐이지, 누구도 틀린 것은 아니니까. 내 남자친구의 다름도 어느 정도 인정할 수 있게 되었다. 나를 알고 그것을 넘어 남을 이해할 수 있게 되면, 사람 사이의 갈등을 해결할 수 있는 열쇠가 된다.

살다 보면 '넌 대체 누구냐?'라고 묻고 싶어지는 사람을 만날 때가 있다. 회사에서 가장 큰 스트레스는 슬프게도 업무가 아니라 사람인 경우가 많다. 아무리 이해하려 해도 도무지 이해되지 않은 사람이 있다면, 온갖 감언이설로 구워삶아 그 녀석의 목덜미를 지그시 붙잡고 가서 에니어그램으로 성격을 파악해 보자. 그것은 좀 더 둥글게 살기 위한 노력이다. 차이를 인정하고 서로를 존중할 때, 비로소 사람 속에 사는 진정한 재미를 맛볼 수 있을 것이다.

카페는 후원이다

CAFE INFO

전화번호 | 070.8256.0744   주소 | 서울 강남구 역삼동 616-11   영업시간 | 11:00∼22:00

밤낮없이 인산인해인 강남역에 이런 골목이 있는 줄 미처 몰랐다. CGV 극장으로 이어지는 언덕의 골목길을 따라 쭉 올라가면, 카페 몇 군데를 지나 〈유익한 공간〉에 도착한다. 홍대 앞 뒷골목에서나 발견할 수 있을법한 외모의 주택, 은은한 분홍색 칠을 해 놓은 집이 〈유익한 공간〉이다. 테이블 너덧 개가 너끈하게 들어가는 널찍한 앞마당도 있다. 언제나 북적거려서 혼이 쏙 빠지는 강남역 풍경과는 사뭇 다르다. 한가하고 평화롭다.

남의 집 구경하러 가듯 문을 열고 안으로 들어서면, 흑백 사진 속의 곱슬머리 여자아이가 방그레 웃는 모습으로 반겨준다. 초롱초롱 빛나는 눈동자에 스스럼없이 맑은 웃음이다. 이 아이는 누구일까?

기부는 어려운 일이 아니다, 참 쉬운 기부

국제아동돕기연합에서 운영하는 이곳, 〈유익한 공간〉이다. 2009년 말, 기부 문화 확산을 위해 태어났다. 영문명인 United Help for Int'l Children의 앞 자를 따서 UHIC, 〈유익한 공간〉이라고 이름 지었다. 이름뿐 아니라, 실제로도 유익한 공간이다. 우리가 부쩍 두툼해진 뱃살로 고민하는 이 시점에도 지구 저 반대편에서는 200만 명의 신생아가 하루도 채 살지 못하고 죽어가는 실정이다. 국제아동돕기연합에서는 고통 받는 어린이를 위해 생명 존중의 가치를 실현하기 위해 다양한 활동을 벌이고 있다. 사진 속에서 보았던 아이의 내일을 위해 모금하고 후원한다.

그렇다고 해서 카페를 찾은 손님을 일일이 붙들고 기부해 달라고 요구하지 않는다. 이곳에서 행해지는 기부는 아주 자연스럽게 이루어진다. 카페를 방문한 사람은 여느 카페에서 하듯이 그저 차를 마시고 밥을 먹으면 된다. 따듯한 차 한 잔을 주문해 도란도란 이야기를 꽃피우고, 과자처럼 바삭하게 씹히는 얇은 도우의 피자를 주문해서 그저 맛있게 먹기만 하면 된다. 조미료 없이 몸에 좋은 재료를 골라, 큼지막하게 숭덩숭덩 썰어 넣은 카레를 맛보는 것도 기부하는 방법이다.

여기서 마시는 차 한 잔, 밥 한 그릇이 유익한 일에 쓰인다. 수익금의 단 몇 퍼센트를 기부하는 수준에 그치지 않고, 통 크게 재료비를 제외한 모든 수익금을 기부하는 방식이다. 카페를 찾은 손님에게는 그저 차를 마시고 끼니를 때우는 일상적인 일에 불과하지만, 그로 인해 지구 반대편에 있는 아이들의 꺼져가는 생명에 불씨를 지필 수 있다.

세상은 아직 따뜻하다

카페의 한 면은 책으로 빼곡한 서재가 있다. 명료하게 어느 분야라고 콕 집어 이야기할 수 없을 만큼 다양한 분야의 책이 있다. 소설, 비소설, 경제, 예술, 컴퓨터 서적에 1편부터 완결까지 시리즈로 구성된 만화책도 있다. 이곳을 다녀간 손님들이 책을 하나둘씩 기부하면서 채워진 책장이다.

그 사이에는 월간지 'Ue'도 있다. Unite Earth의 약자로, '유이'라고 부르면 된다. 우리가 살아가고 있는 지구를 더 나은 세상으로 만들어보자는 바람직한 뜻을 품고 발행하는 잡지다. 환경, 기아, 전쟁, 질병 등 지구를 병들게 하는 다양한 문제에 대해 이야기하고, 대안을 찾아보고자 하는 마음을 담았다. 카페 건물은 3층 구조로 되어 있는데, 그중 1층이 사무실 겸 'Ue'가 탄생하는 공

No~조미료 시대
후원가게
유익한공간 에서는
몸에좋은 자연재료만을
사용합니다...

간으로 쓰인다. 글, 사진 등 잡지 만드는 데 필요한 능력을 갖춘 사람들의 재능 기부가 큰 몫을 한다. 이 잡지는 서점에 배포되는데, 여기서 나오는 수익금 역시 고스란히 전액 국제아동돕기연합에 전해진다.

카페를 운영하면 다달이 가장 목돈이 드는 항목 중 하나가 임대료다. 〈유익한 공간〉은 카페 유지비에 대한 부담을 크게 덜었다. 땅값, 집값이 만만치 않은 강남의 노른자위에 지어진 주택이지만, 카페 터 주인이 취지를 알고는 선뜻 도움을 주었다고 한다.

〈유익한 공간〉의 바람직함을 알아차리고, 기부에 동참할 뜻을 밝혀온 곳도 있다. 도곡동 매봉역 근처에 프랑스 가정식을 내놓는 〈르꼬숑〉이라는 레스토랑이다. 올해 초 여기 가서 식사한 적이 있다. 부가세 10%를 받지 않는 대신 만족스러웠다면, 제대로 먹지 못하는 아이들을 위해 10%의 나눔세를 내도록 하는 점이 뭉클했다. 그렇게 받은 나눔세는 손님의 이름으로 국제아동돕기연합에 기부한다.

카페를 둘러보면, 후원받는 아이들의 사랑스러운 모습이 담긴 사진이 곳곳에 붙어있다. 자연스럽게 기부 문화에 관심을 둘 수 있도록 한 점이 눈길을 끈다. 한 사람, 한 사람의 작은 관심이지만 그것이 모이면 수많은 아이의 생명을 살릴 수 있다. 강남역에 갈 일이 있다면 〈유익한 공간〉에서 시간을 보내며 유익한 일에 동참해 보는 건 어떨까? 프랜차이즈 커피전문점에 들어가 대기업의 배만 불릴 게 아니라 굶주린 아이들의 고픈 배를 불리는 게 낫지 않을까.

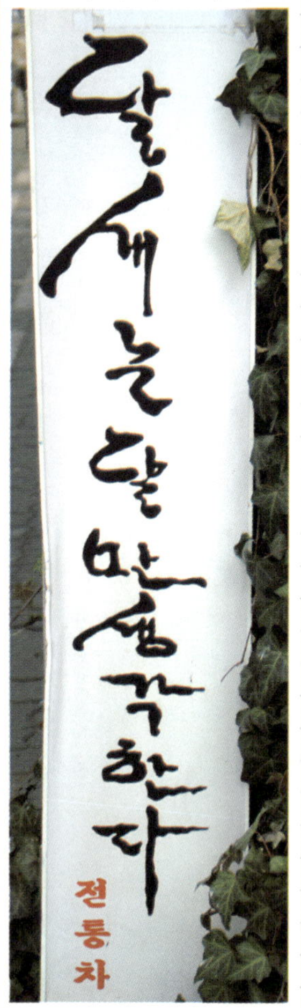

네이밍 전문가가 제시하는 좋은 카페 이름의 조건은 이렇다. 하나, 더 뺄 것이 없는 간단명료함을 지닌 것. 둘, 철자와 발음이 쉬워서 한 번 들었을 때 척, 하고 알아들을 수 있는 이름. 셋, 입에 착착 붙는 경쾌한 어감. 넷, 특성을 은근히 암시하는 효과가 있는 작명. 하지만 이것을 모두 지키자면, 카페 이름 짓기 정말 어렵지 않을까? 참고는 하되 너무 얽매일 필요는 없다고 생각한다. 수많은 카페 이름을 살펴본 결과, 카페 이름은 밋밋하고 평범한 것보다 희한하고 톡톡 튀는 게 더 기억에 남는 듯하다.

1. 구구절절 '문장형'으로 지은 카페 이름이 있다.
카페 주인은 하고 싶은 말이 많은 수다쟁이거나 촉촉한 감성의 소유자일 가능성이 농후하다. (어떤 근거에 의해서라기보다는 지극히 개인적인 추측이므로, '그게 아니야!'라며 죽자고 달려들진 말자.) 온갖 미사여구를 갖다 붙이거나 서정적인 문장을 사용하면 감성적으로 보일 수 있다. 홍대 앞의 사라진 북카페 〈창 밖을 봐 바람이 불고 있어 하루는 북쪽에서 하루는 서쪽에서〉, 류시화 시인의 찻집 〈달새는 달만 생각한다〉처럼.

2. 깔끔하게 '지명형'으로 지은 카페 이름도 있다.
단순하지만, 온갖 것을 갖다 붙일 수 있다. 대륙 이름부터 시작해서 나라 이름, 도시 이름은 물론 동네 이름까지 쓸 수 있어서 의외로 다양하다. 단어 하나로 마무리되는 단출한 이름치고는 특색이 많이 묻어나는 편. 가게의 특성을 단방에 알아차릴 수 있어서 즐겨 찾는 이 많은 아이템이다. 〈팔판동 까뻬〉, 〈서래 커피집〉, 〈혜화동 콩집〉, 〈아웃 오브 아프리카〉, 〈지유가오카 핫초메〉, 〈계동 커피〉 등.

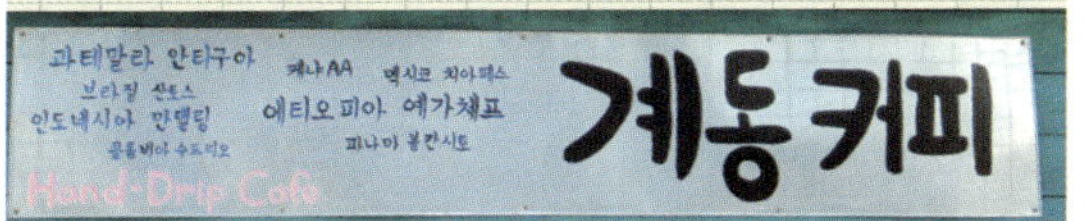

3. 자랑스럽게 자기 이름을 내건 '이름형' 카페도 은근히 있다.
삼청동의 핸드드립 커피 전문점 〈카페 창희〉는 대표자 이름인 정창희에서 창희를 땄고, 〈전광수
커피 하우스〉는 커피시장에서 알아주는 로스터인 전광수의 이름을 내걸었다. 가수 윤건이 운영하
는 〈마르코의 다락방〉의 마르코는 그의 세례명이다. 우리나라에서 처음으로 컵케이크 전문점을
선보인 〈이샘 컵케이크〉도 본인의 이름을 카페 이름에 썼다.

4. '세계의 언어형'도 있다.
스페인어로 'in the world'를 뜻하는 〈델 문도〉, 불어로 'Yes'를 뜻하는 'Qui'를 담은 〈카페 위〉,
일본어로 커피를 가리키는 〈고희〉 등. 영어로 된 이름은, 한글로 지은 이름보다 훨씬 많다. 이루
말할 수 없을 만큼 많으니 일일이 언급하지 않겠다. 패스!

5. 그밖에, 살짝 무심한 듯 보이는 '번지형'도 있다.
〈cafe 318-1〉, 이것도 카페 이름이다. 뺄셈해서 317이라고 영민하게 답해서는 아니 된다. 처
음 번지형으로 가게 이름을 지었다는 말을 들었을 때는 '오, 이런 것도 있었어?'라고 생각했지만,
이제는 레드 오션! 싫증 난다. 좀 더 창의적인 이름 짓기가 필요한 시점이다.

6

카페는
신선하다

카페는 여행이다

CAFE INFO

전화번호 | 02.6406.2172 주소 | 서울 서대문구 대현동 53-15 영업시간 | 11:00~23:00

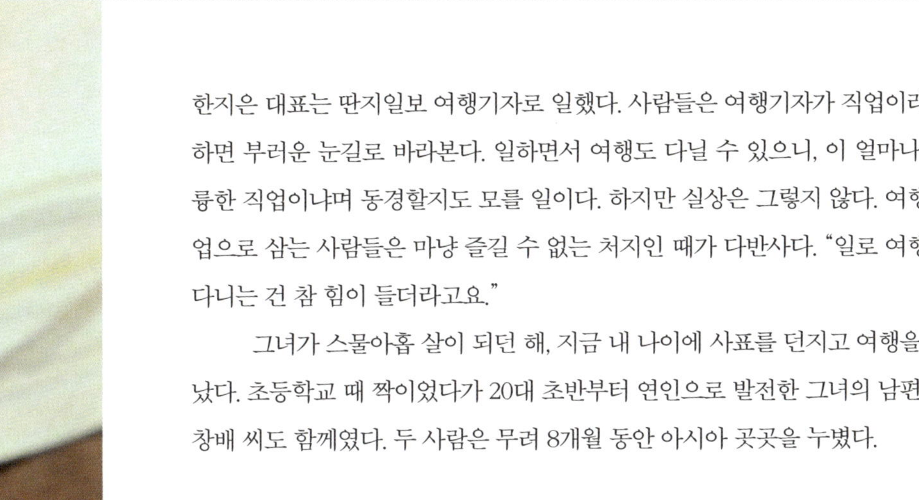

한지은 대표는 딴지일보 여행기자로 일했다. 사람들은 여행기자가 직업이라고 하면 부러운 눈길로 바라본다. 일하면서 여행도 다닐 수 있으니, 이 얼마나 훌륭한 직업이냐며 동경할지도 모를 일이다. 하지만 실상은 그렇지 않다. 여행을 업으로 삼는 사람들은 마냥 즐길 수 없는 처지인 때가 다반사다. "일로 여행을 다니는 건 참 힘이 들더라고요."

그녀가 스물아홉 살이 되던 해, 지금 내 나이에 사표를 던지고 여행을 떠났다. 초등학교 때 짝이었다가 20대 초반부터 연인으로 발전한 그녀의 남편 손창배 씨도 함께였다. 두 사람은 무려 8개월 동안 아시아 곳곳을 누볐다.

긴 여행 후, 뭐 해먹고 살지?

직장인이 회사를 그만두고 긴 여행을 다녀오면, 일단 백수가 된다. 이 커플도 예외는 아니었다. 여행 뒤 마음은 여행지에서 돌아오지 않은 듯 구름 위를 떠다니는데, 땅에 발 딛고 사는 현실은 막막하기 그지없었다. 다시 기존에 하던 일을 해볼까, 생각하니 가슴이 답답했다. 장기간 여행병 환자로 살아온 나도

그 마음 잘 안다. 여행은 찰나지만 삶은 끊임없이 이어지니까, 무언가를 하긴 해야 할 텐데. 마땅히 떠오르는 건 없다.

두 사람은 머리를 맞대었다. 서로 무엇을 하고 싶은지에 대한 이야기를 나누다가 한지은 대표가 막연하게 했던 생각을 머릿속에서 끄집어냈다. "여행을 테마로 카페를 열어보는 건 어떨까?" 당시에는 여행을 콘셉트로 한 카페가 없었다. 아시아의 카페나 레스토랑에서 일상적으로 접했던 좌식이었으면 좋겠고 다락방처럼 아늑했으면 좋겠다고, 어렴풋이 떠오르는 생각을 말했다. 붉은 톤으로 치장하면 이국적인 멋을 살릴 수 있을 것 같았다. 그때까지만 해도 그냥 생각일 뿐이었다. 하고 싶다는 거였지, 이런 걸 하게 될 거라고는 상상도 하지 못했다.

그녀의 이야기를 유심히 들은 남편은 구체적으로 알아보자며 부동산에 갔다. 집이 마포 쪽이었는데, 집에서 멀지 않은 곳에 괜찮은 자리가 있었다. 발견했다기보다, 발굴했다는 표현이 더 어울리는 곳이었다. 내부 수리 중인 가게였는데, 쓰레기가 난잡하게 널려 있어 지저분했다. 그럼에도 창문으로 스미는 눈 부신 햇살이 참 좋아 보였다. 느낌이 좋은 가게, 그 길로 계약했다. 어마어마한 돈이 들 것이라 예상하고 지레 겁을 먹었던 것에 비하면 해볼만한 금액이었다. 불경기라 권리금이 싸게 나온 곳도 많은 시절이었다.

여행카페를 운영하는 게 운명이라도 되는 듯, 모든 게 순조로웠다. 칠부터 시작해서 소소한 인테리어까지 모두 두 사람의 아이디어와 손으로 해결했다. 커튼도 시장에서 천을 떼어다가 바느질해서 만들었다. 꼬박 1달이 걸렸다. 〈레인트리〉는 그렇게 시작되었다.

　처음 가게를 오픈하고 6개월 동안은 운영이 쉽지 않았다. 더구나 그때는 좌식카페가 거의 없다시피 해서, 손님이 들어왔다가 의자가 있는 테이블이 꽉 차면 발길을 돌리는 일도 허다했다. 많은 사람이 카페에서 신발을 벗고 앉는 것을 불편하게 여겼다. 게다가 두 사람 다 이런 일을 해본 적이 없어서 마냥 수줍었다. "손님이 오면 서로 나가라고 등 떠밀면서 숨었어요." 결국, 첫 손님은 손창배 씨가 맞았다. 특별한 의미가 담긴 처음 받은 돈은, 아직도 쓰지 않은 채 고이 간직하고 있다.

쉬어가도 괜찮아

〈레인트리〉는 인도 콜카타에 머물었을 때의 기억 속에서 나왔다. 레인트리라는 별명을 가진 반얀 나무는 성장 방식이 독특하다. 산발한 듯 길게 늘어진 가지가 땅에 닿으면, 이것이 다시 뿌리를 내려 나무의 또 다른 기둥처럼 굳어진다. 실은 한 그루지만, 멀리서 보면 숲으로 오해할 만큼 거대하게 자라서 비를 피해 쉬어가기 좋다. 콜카타에 우기가 찾아오면 수시로 세찬 비를 억수로 쏟아낸다. 온종일 내리는 게 아니라 지나가는 소나기여서, 갑작스럽게 비를 뿌릴 때면 사람들이 비 피할 곳을 찾아 반얀 나무 아래로 모여들었다.

　인도의 레인트리가 비를 비하는 곳이라면, 이대 앞의 여행 카페 〈레인트

리〉는 삶의 쉼표다. 사람들은 언제든 휴식이 필요하면 그곳에 들러 편히 머물다 간다. 누군가에게는 여행을 꿈꾸게 하는 곳이기도 하다. 커다란 세계지도, 테이블 유리 밑 낯선 언어로 적힌 기차표를 보며 여행을 갈망한다. 골머리 아파하며 여행 계획을 짜는 사람도 있다. 계획 세우는 게 마음처럼 되지 않아 난감해하는 손님이 눈에 띄면 도움을 주기도 한다. 이동 경로에 조언을 보태거나 가볼 만한 곳을 족집게 과외 선생님처럼 집어주는 식이다.

"여행자임을 잃지 말라는 이야기를 많이 해요." 즐기는 것도 좋지만, 안전하게 여행하라는 말을 잊지 않는다. 아시아에 가면 가당치 않은 우월의식을 갖는 등의 위험한 발상을 하는 사람이 종종 있다면서, 현지인을 존중하는 바람직한 자세에 대해서도 언급했다. 한지은 대표의 조언을 듣고 여행을 떠난 사람들 중에서는 현지에서 손 글씨로 쓴 엽서를 보내오거나, 잘 다녀왔다는 인사와 함께 기념품을 손에 쥐여 주고 가는 사람도 있다.

여행 카페를 운영하면서 여행을 좋아하는 사람들과 어울리는 것, 물론 즐거운 일일 테지만 수시로 들썩거리는 엉덩이를 어떻게 주체하고 있는지 궁금했다. "초반에는 문을 닫고 일주일 정도 여행을 떠났어요." 하지만 이 방법은 걸리는 게 있었다. 그 사이 〈레인트리〉를 찾았다가 굳게 닫힌 문을 보고 실망할 손님들이 떠올리자 마음이 불편해졌다. 이듬해부터는 문을 걸어잠그는 대신, 아르바이트생이 만들 수 있는 메뉴를 모아 임시 메뉴판을 만들어 놓고

라씨

델리 샌드위치

떠났다.

자꾸 도지는 여행병

한지은 대표와 이야기를 주고받던 지난겨울의 어느 날 밤. 레인트리에는 뜬금 없이 정전이 찾아왔다. 자주 있는 일이냐고 물었더니 처음 있는 일이란다. 인 도 생각이 났다. 예고도 없이, 언제 다시 불이 켜질 거란 기약도 없이 캄캄한 밤을 촛불에 의지하며 보내야 했던 인도여행길의 어떤 밤이 스쳤다. 〈레인트 리〉 안은 어둑어둑한 가운데, 촛불만 은은하게 빛났다. 빈 테이블이 없었는데 불평하는 손님은 없었다. 오히려 색다른 경험에 신이 난 듯 분위기가 좋다며 반기는 기색이었다. 다행히 전기는 약 1분 후에 복구되었다.

〈레인트리〉에 있으면 여행 생각에 울컥, 할 일이 참 많다. 인도의 무더위에 땀을 뻘뻘 흘리면서 마시던 라씨(요구르트와 비슷한 인도의 전통 발효 음료)를 보면 괜스레 설렌다. 로즈마리에 재운 닭 가슴살을 기름기 없이 구워 넣은 델리 샌드위치의 '델리'만 보아도 인도 생각에 가슴이 콩닥거린다.

카페 벽에 붙어있는 사진들을 보고 있으면 여행병이 단단히 도진다. 테이블 옆에 놓인 반 뼘 정도 되는 두툼한 앨범이 떠나고 싶은 마음을 들쑤신다. 차곡차곡 쌓인 앨범 속에서는 태국, 캄보디아, 라오스, 베트남, 인도 등 여행의 순간들로 빼곡하게 채워져 있다. 앨범을 한 장 씩 넘기다 보면 배낭을 꾸리고 싶은 마음이 간절해진다.

한지은 대표는 당분간 이곳에서 〈레인트리〉를 쭉 이어나갈 생각이다. 벌써 운영한 지 6년을 넘겼다. 10년 정도를 채우고 나면, 이곳을 정리하고 지방으로 내려갈까 고민 중이란다. 이 말을 건네면서 "정이 들어서 정리할 수 있을지 모르겠어요."라고 말하는 그녀의 목소리가 가늘게 떨렸다. 벌써 눈시울이 붉어질 기세였다. 그녀가 원하는 제주도가 될지, 남편이 원하는 남해가 될지. 그곳에 다시 〈레인트리〉를 꾸리게 될지, 아니면 게스트하우스를 하게 될지. 아직은 정해진 게 아무것도 없다. 몸과 마음이 쉬어갈 수 있는 곳. 〈레인트리〉가 계속될 수 있다면 그게 어디든, 어떤 모습이든 간에 노 프라블럼. 아무래도 좋다.

CAFE IN 카페는 신선하다 **달팽이 버스**

여행지에서 만난 특별한 안식처

왼쪽이 정우철 감독

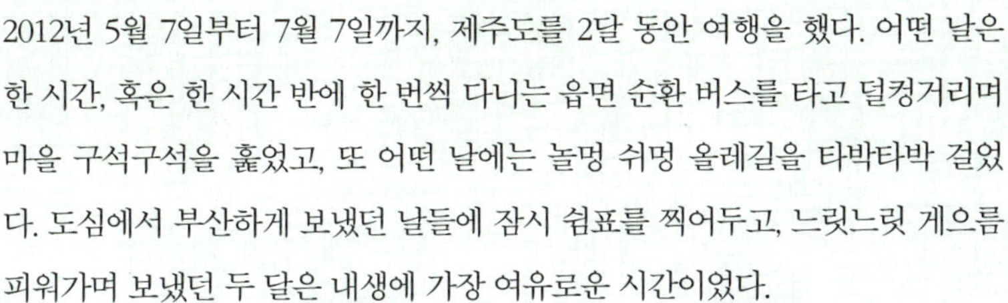

2012년 5월 7일부터 7월 7일까지, 제주도를 2달 동안 여행을 했다. 어떤 날은 한 시간, 혹은 한 시간 반에 한 번씩 다니는 읍면 순환 버스를 타고 덜컹거리며 마을 구석구석을 훑었고, 또 어떤 날에는 놀멍 쉬멍 올레길을 타박타박 걸었다. 도심에서 부산하게 보냈던 날들에 잠시 쉼표를 찍어두고, 느릿느릿 게으름 피워가며 보냈던 두 달은 내생에 가장 여유로운 시간이었다.

6월의 어느 비 오는 날, 나는 올레길 7코스를 걷고 있었다. 이른 장마였다. 세찬 비를 퍼붓는 건 아니었지만, 안개처럼 가는 빗방울이 종일 이어졌다. 올레길 7코스는 외로이 혼자 서 있는 바위 외돌개에서 시작해 범섬이 손에 잡힐 듯 가까이 보이는 법환포구, 해군기지 건설로 뜨거운 감자가 된 강정마을을 거친다. 울창한 숲을 스치고, 험한 바윗길도 넘고, 아담한 포구 몇 개를 지나간다.

누가 쫓아오는 것도 아니고, 꼭 종점까지 걸어야 한다며 다그치는 사람이 있는 것도 아니니 내가 갈 수 있는 만큼만 무리하지 않고 걸으면 된다. 힘에 부치면 잠시 앉아 쉬어가고, 지친 듯싶으면 정자에 발라당 드러누웠다가 다시 걷는다. 아무리 놀멍 쉬멍 걸어도 타고난 저질 체력은 어찌할 도리가 없다. 올레길 7코스 종점에 거의 다다랐을 때, 눈그늘이 무릎까지 내려와 있었다.

이때 눈앞에 나타난 안식처가 있었으니, 〈달팽이 버스〉다. 느릿느릿 기어가는 달팽이와 싱그러운 초록색 잎이 그려져 있는 버스. 버스 앞에는 돌과 돌 사이에 길쭉한 나무를 놓아 놓아 테이블을 만들었고, 나이테가 드러난 통나무 서너 개를 늘어놓았다. 궁금해서 들여다보지 않고는 배길 수가 없었다. 버스 안은 아늑했다. 나무를 덧대어 뚝딱뚝딱 고쳐 놓았다. 평범한 버스를 이렇게 멋진 공간으로 만든 사람은 누구일까.

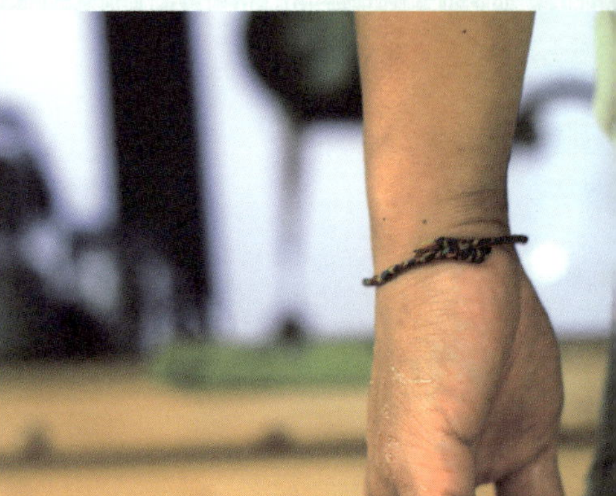

영화 〈해운대〉 시나리오 각색에 참여했고 2011년 임창정, 김규리가 출연한 영화 〈사랑이 무서워〉를 선보였던 그는 정우철 감독이다. 이날 카페 안에는 정우철 감독의 지인 몇 사람이 머물고 있었는데 "목공이면 목공, 커피면 커피! 영화감독인데, 영화 만드는 거 빼고 다 잘해요!"라며 농담을 건넸다. 버스를 카페로 고친 것도 그의 손으로 직접 했고, 카페 메뉴도 모두 그의 손에서 나왔다.

직접 만든 메뉴판에는 든든한 밀크티, 상큼한 향의 홍차 레이디 그레이, 구수한 제주 9곡 미숫가루 그리고 특별한 메뉴 집시 에스프레소 등이 쓰여 있었다. 곰곰이 생각하며 메뉴를 고르던 차에, 정우철 감독이 커피 좋아하냐느며 물었다. 냉큼 "그렇다!"고 대답했더니 집시 에스프레소를 권해 주었다. 호기심이 일었다. 작명이 참 흥미로웠다. 집시 에스프레소, 도대체 어떤 맛일까?

그는 터키식 커피를 달일 때 쓰는 이브리크를 손에 들었다. 그리고 나서는 팔찌 하나가 감긴 팔목과 허리만 우두커니 바라보았다. 버스 입구의 낮은 의자에 쪼그리고 앉아 있어서 눈높이가 딱 허리춤이었다. 잠시 달그락거리는 소리가 나더니 조막만한 찻잔 하나를 내놓았다. 그냥 '에스프레소'보다 풍성했지만, '에스프레소'답게 양이 적었다.

속이 조금도 들여다 보이지 않는 시커먼 커피, 집시 에스프레소. 짙은 빛깔처럼, 어쩐지 쓴맛이 강할 것 같다는 기대를 품고 입술에 잔을 갖다 댔다. 검은 액체가 입속으로 밀려오면서 혀끝으로 느껴지는 맛은, 상상과 전혀 달랐다. 적당히 쌉쌀하고 달콤했다. 달콤하다니! 흐리멍덩하게 뜨고 있던 눈이 휘둥그레 떠졌다.

정우철 감독이 개발한 특별한 레시피로 만든 메뉴라는데, 이런 맛은 난

으~라차 힘내샴 1.5km 남음

달팽이버스
:Cafe

생처음이었다. 그 커피는 강렬한 인상을 남겨 자꾸 입맛이 다셔졌다. 사람들이 편히 쉬어갈 수 있는 공간이 되길 바란다는 정우철 감독의 바람대로, 나는 그곳에서 충분히 휴식을 취한 뒤 호랑이 기운이 솟아나 기분 좋게 걸었다. 올레길 7코스를 걷게 되면 꼭 끝까지 걸어라, 그러면 〈달팽이 버스〉를 만날 수 있을 것이다. 걷는 게 싫다, 조금만 걷고 집시 에스프레소를 얼른 맛보고 싶다! 이런 사람이 있다면 올레길 7코스를 거꾸로 걸어라. 발품을 적게 팔고도, 〈달팽이 버스〉를 마주할 수 있다.

카페는 공연장이다

CAFE INFO

전화번호 | 02.3142.5750 주소 | 서울 마포구 상수동 310−14 영업시간 | 11:30∼01:00

요즘 홍대 앞 클럽이라 하면, 선남선녀 언니 오빠들이 찰싹 달라붙어 춤추는 '부비부비 클럽'을 떠올린다. 나는 중학교 때부터 홍대 앞 클럽을 좋아했다. '부비부비 클럽'은 그 당시 있지도 않았고, 탄탄한 실력을 갖춘 인디밴드들이 조촐한 무대에 오르던 라이브 클럽을 줄곧 드나들었다.

그 무렵, 한참 록음악에 심취해 있었다. 지금은 취향이 얌전해졌지만, 그때는 귓전을 쩌렁쩌렁 울리는 시끄러운 록음악을 선호했다. 작은 기침 소리도 천둥소리처럼 크게 들리는 소박한 공간에서 공연이 펼쳐졌다. 장소가 협소해서 스피커를 거쳐 나오는 노랫소리에 내 심장도 함께 두근거렸다. 어두컴컴한 라이브 클럽에 앉아 있으면, 그곳에서만 느낄 수 있는 생생한 현장감에 젖어들었다. 공연이 무르익으면 어깨가 절로 들썩이고, 고개가 제멋대로 까딱거렸다. 득음한 듯 막힘없는 소리가 목구멍 밖으로 밀려 나와 목청껏 소리를 지르기도 했다.

스무 살을 넘기면서 먹고 살아 보겠다고 아등바등하느라, 홍대 앞 라이브 클럽에 몇 년간 발길이 뜸했다. 수년이 지난 뒤 그때의 기억을 되살려 라이브 클럽의 근황을 살폈더니, 그 많던 라이브 클럽이 대부분 자취를 감추었고 굵직한 몇 곳만 명맥을 유지하는 지경에 이르러 있었다. 춤추는 클럽의 등쌀에 밀리고, 나날이 오르는 임대료로 심각한 경영난에 치였을 테니 버텨낼 재간이 없었을 것이다. 안 그래도 설 땅이 비좁았던 인디밴드들의 입지는 손바닥만 해졌다.

카페에서 풍류를 즐기다

홍대 앞 라이브 클럽의 빈자리를 옹골차게 메워주는 카페가 있다. 발 디딜 곳이 좁아진 인디밴드가 설 무대를 마련해 주는 〈카페 디디다〉. 원래 전 주인이 작업실로 쓰려던 공간이었다. 사람들과 음악을 함께할 수 있는 공간을 꾸리면서, 공연장이 있는 카페 형식을 갖게 되었다. 지금은 전 주인과의 인연으로 카페를 이어받게 된 차재두 대표가 〈카페 디디다〉를 운영한다. 세 번째로 이 공간을 맡게 된 그 역시 음악을 좋아하는 사람이다.

알록달록한 색으로 칠한 계단을 한 계단, 한 계단씩 올라 대문을 열고 입구에 들어서면, 카페와 공연장의 모호한 경계에 서게 된다. 왼쪽을 보면 공연장이다. 드럼, 기타, 건반, 젬베가 놓여 있다. 벽면에는 루시드폴, 김연우, 윤종신 등의 음악인이 다녀간 흔적을 남겼다. 오른쪽을 보면 에누리없이 카페다. 크고 작은 테이블, 푹신한 방석과 쿠션이 놓인 편안한 분위기다. 전에는 붉은색 벽돌로 지어진 집이었던 듯, 벽돌의 거친 속살이 훤히 드러나 있다.

〈카페 디디다〉에서는 일주일에 2~3번씩 공연을 한다. 공연이 시작되면 평소 다정하게 마주 보고 있던 의자가 무대를 바라본다. 무대 방향으로 의

자를 돌려놓고 음료를 마시며 공연을 관람한다. 무대 바로 앞자리에 앉으면 현미경으로 바라보는 좁쌀처럼 모든 게 낱낱이 보인다. 공연하는 사람이 침을 꿀깍 삼킬 때 꿈틀거리는 목젖, 삐질삐질 흘러내리는 땀방울까지 여과 없이 보일 만큼 가깝다.

공연 입장료 대신 자발적 관람료!

공연이 없는 월요일, 텅 빈 무대를 살피다가 신기한 물건을 발견했다. 모자를 뒤집어 놓은 팁 박스였는데, 아름다운 자발적 공연비 문화를 지향한다는 내용이 적혀 있었다. 가만 생각해 보니 공연이 있는 날에도 음료값 외의 공연비를 받지 않는다. 차재두 대표

는 "공연을 하면, 공연비를 받아서 두당 얼마씩을 매겨 떼어주는 식으로 하는 곳이 많은데요. 여기는 밴드와의 페이 관계가 전혀 없어요."라면서 〈카페 디디다〉가 고수하는 참신한 운영 방식에 대해 이야기했다. 손님은 음료값을 내고, 공연이 흡족했다면 팁 박스에 팁을 두둑이 넣고 오면 된다.

　　무대에 서는 사람은, 소수지만 관객 앞에 바짝 다가갈 수 있다는 데 의

TIP

의를 두고 공연한다. 무대에 오르길 원한다고 해서 무조건 올려주는 것은 아니다. 손님이 적은 날에는 오디션을 치르기도 한다. 30분 정도의 공연을 해보고 야무진 실력을 갖추었다면, 관객 만날 길을 열어준다.

예스러운 사운드에 시대 감수성을 섞어 주목받은 '싸구려 커피'의 '장기하와 얼굴들'도 한때 이곳에서 공연했고, '아메리카노'로 수면 위에 떠오른 발칙한 감성 듀오 '10cm' 또한 이곳을 거쳐 갔다. 특별히 장르의 제한을 두지 않지만, 카페라는 공간적인 특색이 있어서 재즈나 어쿠스틱한 공연이 주를 이룬다. 가끔은 강렬한 사운드의 록음악이나 힙합 공연이 열리기도 한다.

꼭 라이브 공연이 아니어도, 적당히 큰 소리의 음악이 끊임없이 흘러나와 음악을 좋아하는 사람에게는 이만한 아지트가 없을 듯하다. 홍대 앞의 중심지에서 살짝 빗겨난 상권이라 덜 어수선하다는 점도 아지트 삼기에는 제격. "아지트 삼기 좋을 것 같아요."라고 말했더니 차재두 대표는 "어떻게 보면 그게 문제이요."라면서 천연덕스러운 웃음을 짓는다. 남들에게 알려주기 아까워서 그런지 '쉿!' 비밀에 부쳐둔 채, 한결같이 본인만 드나드는 사람이 유난히 많다고. 한 밴드의 일원은 이곳에 와서 곡을 쓰고 가기도 한단다.

차재두 대표는 음악인들의 교류가 이루어지는 곳, 무대와 객석이 함께 호흡하며 누구나 부담 없이 라이브 공연을 즐길 수 있는 곳으로 이끌어 가고 싶다는 바람을 내비쳤다. 홍대 앞 인디밴드의 라이브 공연을 특별히 편애하는 1인으로서, 나도 그의 바람에 동조하고 싶다.

카페는 설탕 공예이다

CAFE INFO

전화번호 | 02.332.4764 주소 | 서울 마포구 서교동 364-29 영업시간 | 12:00~23:00

달콤함이 물씬 묻어나는 〈카페 설탕〉은 설탕 공예가인 하현정 대표가 연 카페이자, 설탕 공예 공방이다. 처음에는 공방만 해야지, 하고 자리를 찾아다녔다. 하지만 공방은 뭔가 무겁다는 생각이 들었다. 공방에서 수강생을 가르치는 선생님은, 다가가기 어려운 존재처럼 멀게만 느껴지는 게 영 탐탁지 않았다. 좀 더 친근한 분위기에서 설탕 공예를 가르칠 방법이 없을까? 곰곰이 생각하다가 공방과 카페를 겸하는 〈카페 설탕〉을 열었다.

아름다운 설탕

응용 미술 교육학을 전공한 하현정 대표는 영국의 브리스톨 호텔에서 일하다가 설탕 공예를 처음 만났다. 그곳에서 여는 파티에는 슈가 크래프트가 빠지는 법이 없었다. 설탕 공예의 첫인상은 정말 아름다웠다. 고운 빛깔에 우아한 자태, 보기에만 좋을 뿐 아니라 먹을 수도 있었다. '이렇게 예쁜 케이크를 먹을 수도 있다니!'

설탕 공예로 장식한 케이크는 한국에서 보았던 케이크와는 달라도 한참 달랐다. 과일이 잔뜩 올려진 생크림 케이크는 데코레이션에 한계가 있었고, 느끼한 버터크림을 발라 모양낸 버터크림 케이크는 대단히 느끼해서 도통 손이 가지 않았다. 그녀에게 설탕 공예로 만든 매끈한 케이크는 새로운 세계였다.

　유럽 사람들은 우리나라 사람보다 단 음식에 관대한 편이다. 달콤한 먹을거리를 쌉싸름한 차와 함께 즐기기도 한다. 그들은 설탕으로 장식한 케이크를 먹는 데 거리낌이 없다. 한국 사람들의 사정은 좀 다르다. 설탕을 주재료로 만든 음식은 좀처럼 반겨주지 않는다. 놀이공원에나 가야 만날 수 있는 솜사탕, 거리 한쪽에서 할머니가 만드는 추억의 맛 달고나 정도만 환대할 뿐.

　설탕 공예로 만든 케이크는 우리 입맛에 지나치게 달아서, 먹는 것보다는 보는 데 초점이 맞춰져 있다. 요즘은 두 번, 아니 세 번씩 치르는 사람도 있긴 하지만 대체로 생에 단 한 번뿐인 결혼식에 쓰이는 웨딩 케이크, 아낌없이 주고 싶은 내 아이를 위한 돌잔치 케이크 등 주로 특별한 날에 등장한다. 세상에 하나밖에 없는 케이크다.

　설탕가루에 달걀흰자, 젤라틴 등을 넣고 식약청에서 허가받은 식용 색소를 첨가해서 반죽한다. 고무찰흙을 주물럭거리듯 하면서 모양을 만든다. 오만가지 색을 원하는 대로 낼 수 있다. 섬세한 관찰력을 갖고 있다면, 설탕 공예로 못 만들 게 없다고 해도 지나치지 않을 만큼 자유롭게 연출할 수 있다. 스스로 방부제 역할을 하는 설탕은 오랫동안 보관할 수 있어서 장기간 아름다움을 유지한다. 안에 빵이 들어가면 일반 케이크보다 유통기한이 2배 정도 길다. 관상용으로 제작하는 작품은 빵 대신 스티로폼을 넣어 영구적으로 보관할 수 있다.

설마, 이게 다 설탕?

〈카페 설탕〉 안에는 설탕으로 만든 공예품이 놓여 있다. '이건 설탕이 아니겠지?' 하는 건 설탕이었고, '설마, 이것까지 설탕은 아니겠지?' 하는 것도 설탕이었다. 도대체 어디서부터 어디까지가 설탕으로 만든 것일까?

쇼케이스에 담긴 케이크와 컵케이크는 단연 설탕으로 만들었다. 은은한 빛깔에, 머쉬멜로우처럼 말랑말랑해 보이는 질감으로 만든 케이크는 선뜻 입에 넣기가 아까울 정도다. 결이 살아 있는 드레스를 차려입은 인형, 선반 위에 활짝 핀 꽃이 자라나는 화분, 창문에 찰싹 달라붙어 스티커로 위장한 새 모양의 장식, 한쪽 벽을 가로지르는 담쟁이넝쿨까지. 알고 보니 죄다 설탕으로 만든 소품이었다. 상상도 하지 못했던 의외의 것들까지 몽땅 설탕으로 만들어졌다는 사실에 놀라지 않을 수 없었다. 하늘하늘 꽃잎을 섬세하게 재현한 꽃다발은, 생화 사이에 슬그머니 밀어 넣어도 될 것처럼 정교하고 생생하다.

이곳은 카페인 동시에 설탕 공예가의 공방인 만큼, 설탕 공예를 활용한 작품을 만날 수 있을 뿐 아니라 배울 수도 있다. 설탕 공예의 기법을 전반적으로 배우는 정규 과정, 가벼운 마음으로 즐기기 위한 취미 클래스, 케이크 데코레이션을 배워보는 웨딩 케이크 클래스가 마련되어 있다. 비정기적으로 열리는 원데이 클래스에서는 머핀이나 쿠키 장식 등 설탕 공예를 처음 접하는 사람도 쉽게 따라 할 수 있는 난이도로 가볍게 진행한다.

 한 다발의 꽃향기 담은 커피 에이프릴 샤워

카페는 꽃이다

CAFE INFO

전화번호 | 070.4408.4121 주소 | 서울 강남구 신사동 608-17 101호
영업시간 | 평일, 토요일 10:00~11:00 일요일 08:00~11:00

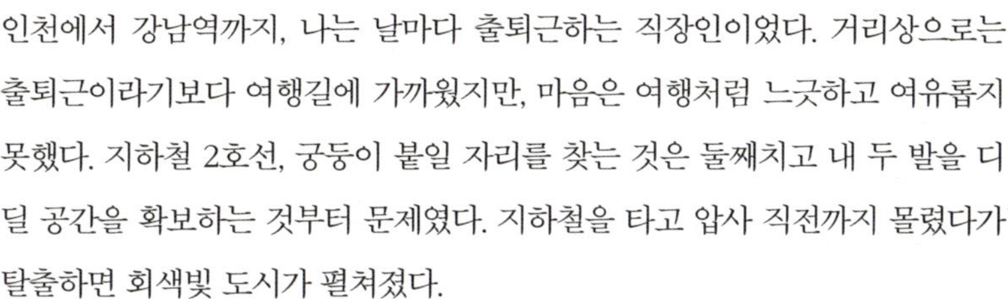

인천에서 강남역까지, 나는 날마다 출퇴근하는 직장인이었다. 거리상으로는 출퇴근이라기보다 여행길에 가까웠지만, 마음은 여행처럼 느긋하고 여유롭지 못했다. 지하철 2호선, 궁둥이 붙일 자리를 찾는 것은 둘째치고 내 두 발을 디딜 공간을 확보하는 것부터 문제였다. 지하철을 타고 압사 직전까지 몰렸다가 탈출하면 회색빛 도시가 펼쳐졌다.

도시에서 뿜어져 나오는 잿빛 공기를 마시면서, 하루하루를 연명하듯 살아가는 현대인들의 삶을 들여다보면 각박하기 그지없다. 널찍한 정원은 아니라도, 손바닥만 한 작은 풀밭이라 하여도! 초록빛을 바라보며 맑은 공기를 마시고 싶은 마음이 간절해진다. 코에 바람을 넣어 보겠다고 멀리 떠나자니 할 일이 태산 같다. 그렇다고 싱그러운 풀 포기와 꽃향기를 포기하자니 심신이 고달프다. 도심을 벗어나지 않고, 짧은 시간 자연 속에 머물 수 있는 방법, 없을까? 곰곰이 생각하다가 무릎을 탁 쳤다. '그래, 플라워 카페가 있었지!'

지극정성 없이는 못 한다

몇 달 전까지만 해도 우리 집에는 화분 두어 개가 있었다. 남자친구의 선물이었다. 가느다란 줄기에서 잎이 돋아나 나날이 무성해지는 화초가 참 기특했다. 목 마를 때쯤 물을 챙겨주고, 생각날 때마다 창가에 내놓아 찬란한 태양까지는 아니라도 따듯한 볕을 쪼여 주었다. 바쁘다는 걸 핑계삼아 제대로 들여다 보지 못한 날도 허다했는데, 아랑곳하지 않고 쑥쑥 자라는 것이 마냥 신기하고 고마웠다. 그렇게 몇 달간 무럭무럭 자라났다. 잭과 콩나무처럼 거대하게 자랄 기세였다. 이 무렵 나는 '화초 가꾸는 재미가 이런 거구나', 하고 흥미를 느꼈다.

보는 것만으로도 싱긋이 미소가 지어지는 흐뭇함, 일상에 소소한 즐거움이 되었다. 화초를 가꾸면서 헛헛했던 마음이 포근해졌다.

하지만 그 즐거움은 바람만큼 오래가지 못했다. 며칠간 집을 비운 사이 흙이 바싹 말라 힘없이 주저앉고 말았다. 다급하게 물을 주었지만 죽어버린 뒤였다. 식물을 가꾸는 것은 지극정성과 관심을 쏟지 않으면 안 되는 일이다. 법정 스님의 책 〈무소유〉에는 스님이 난을 선물 받은 이야기가 그려진다. 난을 기르면서 물이 부족하지 않을까, 볕이 과한 것은 아닐까 노심초사했던 스님. 결국 소유가 곧 집착임을 깨닫고 정성껏 기르던 화분을 다른 이의 품에 안겨 보냈다는 일화가 나온다.

이렇듯 화초 키우는 일은 쉽지 않다. 화분 하나 가꾸는 것도 이렇게 손이 많이 가는데, 하물며 플라워 카페를 운영하는 것은 얼마나 지극정성이 필요한 일일까? 그런 의미에서 플라워 카페 〈에이프릴 샤워〉를 운영하는 여다운 대표는 참 대단하다. 그녀는 카페에 꾸민 아담한 정원 가꾸기를 게을리하지 않는다. 매일같이 물을 갈고, 화분을 깨끗하게 닦아준다. 꽃이 시들해지지 않도록

다듬어 주기도 한다.

일주일에 두어 번, 많게는 세 번씩 꽃과 화분을 사러 직접 나선다. 한 번 갈 때 왕창 사다 놓는 방법도 있지만, 굳이 몇 차례씩 다녀오는 수고를 마다치 않는 이유는 언제나 싱싱한 꽃을 준비해 두기 위해서다. 꽃을 한 번 사다 두고 일주일을 버티면 몸은 편할지언정 마음이 편치 않아 자주 들른단다. 동전처럼 둥그스름하게 생긴 워터 코인, 난의 여왕이란 애칭이 따라다니는 우아한 카틀레야, 때 되면 붉게 단풍이 들어 관상 가치를 더하는 남천 나무 등. 특별히 어떤 것을 정해놓고 갖다 놓는다기보다, 그때그때 봐서 예쁘고 실한 것을 골라 들여온다.

그곳에 가면 눈이 즐겁다, 꽃 파는 카페

여다운 대표는 2009년 포토그래퍼인 남편을 따라 영국에 갔다가 플라워 아트를 시작했다. "사람은 기술이 있어야 한다."라며 뭐든 배워보라는 남편의 권유

로, 평소 관심 있었던 플라워 아트를 택했다. 웃는 모습이 꽃보다 화사한 그녀의 전직은 비서. 예쁘게 포장된 꽃 선물이 들어올 때마다 눈여겨보았다고 한다. 영국에서 공부를 마치고 한국에 돌아와서는 현대적인 뉴욕 스타일, 자연스러운 영국 스타일을 추구하는 부티크 플라워 숍 〈소호 앤 노호 Soho & Noho〉에서 일하다가 플라워 카페를 열었다.

　카페 앞에는 손바닥만 한 화분부터 지인의 개업용 선물로 제격일 법한 커다란 화분까지 다양한 화초들이 옹기종기 모여 앉았다. 바깥에서 보면 영락없이 꽃 파는 가게다. 바깥에 놓인 화분을 보고 꽃집인 줄 알았다가, 사람들이 삼삼오오 앉아 커피를 마시는 걸 보고 카페냐고 물어오는 사람이 종종 있단다.

카페 맞은 편에는 건물이 없다. 나무가 무성하게 자라 통유리 바깥으로 보이는 풍경이 마치 숲처럼 초록으로 덮여 있다. 탁 트인 쪽이 남향이라 햇볕이 폭포처럼 흘러들어 화초를 키우는 데도 알맞은 환경이다. 카페 안은 벽, 테이블 등 화이트톤 일색이다. 산뜻하고 군더더기 없이 심플하다. 초록빛 잎과 화사한 꽃이 돋보이도록, 인테리어에 화려한 색은 자제했다. 의도했던 대로 꽃이 도드라져 보인다. 주먹만 한 꽃장식을 테이블 위에 올려놓으면, 화려한 빛깔에 이끌려 저절로 시선이 꽃에 옮겨진다.

카페의 부산한 선데이 모닝

〈에이프릴 샤워〉는 평일 10시, 일요일에는 8시에 문을 연다. 오픈 시간을 묻기 위해 전화를 걸었다가 적잖이 놀랐다. 늦은 8시가 아닌가 싶어 되물었더니, 일요일에는 아침 8시에 문을 연다는 게 아닌가. 카페는 일러야 10시, 보통 11시 ~1시 사이에 여는 곳이 대부분인데 8시라니. 선뜻 이해가 되지 않았다. 도대체 왜, 일요일로 치면 꼭두새벽에 해당하는 8시에 카페 문을 여는걸까?

일요일 아침 〈에이프릴 샤워〉를 찾아가면 의문이 말끔하게 풀린다. 카페가 있는 곳은 신사동 골목의 주택가, 멀지 않은 곳에 소망교회가 있다. 소망교회는 이명박 대통령이 다니는 교회로 수십 만 명에 달하는 신도들이 들끓는다. 평일 낮에는 조용하고 한산한 골목길이지만 일요일 아침의 분위기는 사뭇 다르다. 예배 시간을 맞춰 교회로 향하는 행렬이 줄을 잇는다. 골목이 활기를 띤다. 덕분에 카페의 일요일 아침은 웬만한 평일보다 부산하다.

카페 활용 백서

1. 카페에서 전시 관람하기

요즘 널리고 널린 게 갤러리 카페 아닌가 싶을 정도로, 전시를 여는 카페가 많다. 카페 전시는 음료를 주문하면 무료인 경우가 대부분. 메마른 일상의 문화 단비를 부담 없이 내려 쩍쩍 갈라진 감성을 촉촉하게 적셔보자. 운이 좋으면 조개 속 반짝이는 진주 같은 작가의 작품을 만날 수 있다. 전시할 공간이 없어서 혼자 열심히 작업에만 열을 올리고 있던 작가에게는 대중과 소통할 수 있는 절호의 찬스!

2. 카페에서 미래 점치기

사주는 사람이 태어난 생년월일시로 이뤄진 4개의 기둥을 말한다. 태어난 해, 태어난 날, 태어난 날, 태어난 시로 타고난 성격, 복 등을 파악하고 미래를 예측한다. 사람은 미래를 알 수 없다. 그래서 앞날이 궁금하다. 때로는 답답하다. 무당이 있는 점집에 가서 미주알고주알 물어보자니 괜스레 무섭게 느껴진다. 실은 두둑이 챙겨야 할 것 같은 복채가 더 무섭다.

　　　이럴 때는 사주부터 궁합, 결혼운, 직장운 등 다양한 고민거리에 대한 조언을 들을 수 있는 사주 카페로 향할 것. 그러나 천기누설 따위는 바라지 말자. 그는 무릎이 닿기도 전에 모든 걸 꿰뚫어본다는 무릎팍 도사가 아니다. 참고 정도로만 생각해야지, 맹신하면 못 쓴다.

나
오늘
돈
주셨다
박승희

3. 카페에서 책 읽기

집에서는 컴퓨터, 텔레비전, 자꾸 드러눕고 싶어지는 소파의 유혹을 떨치지 못해 책과 안드로메다 거리를 유지하고 있다고? 냉큼 북카페로 달려가서 책 속에 파묻혀 진정한 독서의 재미를 깨우쳐 보자.

북카페는 크게 두 종류로 가를 수 있다. 책에 소소한 수다가 더해진 곳, 책에 스터디가 더해진 곳. 후자 쪽의 북카페에 발을 들이면 도서관 분위기가 물씬 풍겨 독서에 집중하지 않고는 배길 수 없을 것이다. 숨 막힐 듯 조용하기 때문에 독서 혹은 공부를 하지 않고는 버틸 재간이 없다.

4. 카페에서 밥 먹기

요즘 카페에는 끼니 해결할 한 메뉴가 하나씩은 꼭 있다. 한식, 양식, 일식, 기타 정체를 알 수 없는 퓨전식 등 종류도 참 가지가지다. 흥미로운 맛에 반하고, 드넓은 선택의 폭에 감탄하지 않을 수 없다. 카페 입장에서는 단가가 높아지고 손님 입장에서는 고픈 배를 채울 수 있으니, 카페에서 밥파는 현상은 바람직한 것이라 하겠다. 올드보이 따라 하는 거 아니라면 절대! 흔해 빠진 베이글, 샌드위치, 와플만 계속 먹지 마라. 카페의 식사 메뉴는 당신의 생각보다 훨씬 다양하니까.

5. 카페에서 배우기

옛말에 배워서 남 주느냐는 말이 있다. 그리 오랜 생을 살지 않았으나, 경험상 뭐든 배워두면 쓸모가 있는 것 같다. 그때는 별스럽지 않다가도 결정적인 순간에 '배워두길 참 잘했다.'라며 스스로 머리를 쓰다듬어 주고 싶은 날이 올 것이다. 설탕 공예, 꽃꽂이, 베이킹, 커피, 차, 떡, 초콜릿, 규방공예, 도자기 등 이 모든 것을 카페에서 배울 수 있다.

카페는 복합문화공간이다

CAFE INFO

전화번호 | 070.4127.6468 주소 | 서울 용산구 한남동 683-31 영업시간 | 11:00~21:00

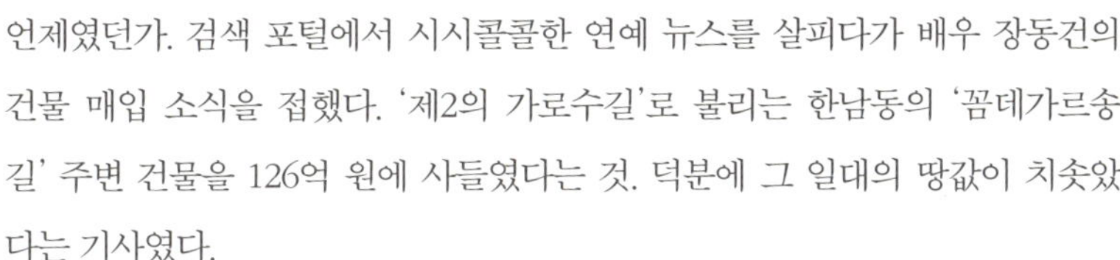

언제였던가. 검색 포털에서 시시콜콜한 연예 뉴스를 살피다가 배우 장동건의 건물 매입 소식을 접했다. '제2의 가로수길'로 불리는 한남동의 '꼼데가르송 길' 주변 건물을 126억 원에 사들였다는 것. 덕분에 그 일대의 땅값이 치솟았다는 기사였다.

새로운 핫 플레이스로 떠오른 꼼데가르송 길은 한남동의 랜드마크 제일기획 빌딩에서 지하철 6호선 한강진역으로 이어지는 600여 미터에 달하는 거리다. 아방가르드의 대표 브랜드인 '꼼데가르송'의 플래그십 스토어가 주목받으면서, 이 거리에 '꼼데가르송 길'이란 이름이 붙었다. 이 길을 중심으로 눈길 끄는 예술 공간이 둘 있다. 하나는 으리으리한 삼성 미술관 〈리움〉, 다른 하나는 참 소박하다 싶은 복합문화공간 〈스페이스 꿀〉(이하 〈꿀〉)이다. 한쪽은 대단히 거대하고, 한쪽은 소박하다 못해 허름하기까지 한데 두 곳 모두 예술을 담아내는 공간이라는 점에서는 크게 다르지 않다.

〈꿀〉은 한국을 대표하는 미술가 50인 중 한 명으로 꼽히는 설치 미술가, 최정화 대표의 작품이다. 쓸모 없어진 폐 현수막, 온갖 생활용품, 때 밀 때 쓰는 이태리 타올, 바스락거리는 비닐 등 그가 눈여겨본 모든 것들이 작품 재료가 된다. "미술은 취미처럼 늘 즐기는 거지!"라고 말하며 일상과 예술의 관계회복을 꾀한다. 대중과 예술 사이의 경계를 허물고 싶었던 그의 바람을 〈꿀〉에 달콤하게 녹여냈다.

1960년대, 벽돌을 쌓아 올린 2층 양옥에 터를 잡았다. 오랜 세월의 흔적을 고스란히 머금어 낡고 낡았다. 그간 중국집, 쌀집, 꽃집, 사진 현상소, 직원 숙소용 쪽방으로 이용되었던 역사를 거친 건물, 그 위에 복합문화공간 〈스페이스 꿀〉을 만들었다. 사람과 작품을 이어주는 갤러리기도 하고, 사람과 사람을 이어주는 카페이기도 하며, 때로는 건축, 디자인, 퍼포먼스 등의 아이디어가 엉키고 번지면서 새로움이 태어나는 예술 사무실이 되기도 한다. 어떤 때는 일상의 단조로움을 단번에 거둬주는 공연장으로, 야밤에는 바Bar로 탈바꿈한다. 〈꿀〉은 갤러리, 카페, 바, 공연장 등 어느 것 하나를 콕 집어 명료하게 정의를 내릴 수 없는 묘한 공간이다.

처음 발을 디디면 커피와 차를 내놓는 카페와 얼굴을 맞댄다. 이태리 장인의 정성 어린 손길로 공들여 만든 비싼 가구는 아니지만, 가구 하나하나가 범상

박
승
희
나
오늘
돈
주셨다

치 않다. 쌍팔년도 시골집에서 온 가족이 둘러앉아 밥을 먹을 때 썼을 법한 원형 탁자가 있고, 주위로 촌스럽다고 느낄 여지가 다분한 꽃무늬 의자가 둘려 있다. 발에 툭 채이면 곧바로 우렁차게 천둥소리를 내뱉는 드럼통 위에 커다란 쟁반을 올려 만든 테이블도 인상적이다. 그 앞에는 루이비통 모노그램을 넣어 만든 소파가 어울리는 듯, 어울리지 않는 듯 모호하게 놓여 있다.

　　카운터 옆으로 난 문으로 나가면 지하라기엔 뭣한, 그렇다고 1층이라 하기에는 단단히 부족한 0.5층에 전시장이 마련되어 있다. 오래 전에는 아버지가 아랫목에 드러누워 TV를 시청하고 있었을 안방, 책 한 권 손에 쥐고 학문과 항문에 고루 힘쓰느라 고생이었을 화장실이었으리라 추측해 본다. 벽을 어중간하게 허물어 곳곳에 콘크리트벽이 거칠게 드러나 있다. 음침하고 퀴퀴한 구석이 있는 지하, 작품들이 눈길을 달라며 강렬하게 노려본다. 벌집 쑤시듯 좀 더 안쪽으로 들어가면 창고와 다를 바 없는 모습의 작업실도 보인다.

〈꿀〉에서는 주로 한국의 젊은 작가들의 전시가 펼쳐진다. 터는 있지만 정해진 틀이 없어서 실험적이고 독특한 프로그램을 원하는 대로 풀어놓을 수 있다. 전시 작가를 선정할 때도 실험성을 살핀다. 각종 기관에 기세등등하게 들이밀었다가 단방에 거절당했던 안쓰러운 제안서, 실행에 옮기자니 이것저것 걸리는 게 많아서 버려둘 수밖에 없었던 반짝이는 아이디어를 이곳에 내놓으면 기회가 닿게 될지 모르는 일. 허름한 공간에서도 전시, 공연 등의 다양한 예술을 실천할 수 있다는, 당연한 사실을 제대로 보여준다.

예술은 머나먼 나라의 이야기, 삶의 여유를 잔뜩 거머쥔 자들의 것이라 치부하며 일정한 거리를 두고 살았던 사람이라도 이곳에서만큼은 쉽고 편안하게, 가벼운 마음으로 예술을 대할 수 있다. 주택가 골목 사이에 적당히 어울릴 줄 알고 사람들의 일상에 교묘하게 스며들 줄 아는 〈꿀〉에서는 예술과 생활, 예술인과 대중 간의 경계를 찾아보기 어렵다.

CAFE THEME

영화 〈카모메 식당〉 보셨나요?
핀란드 헬싱키에 자리 잡은 소박한 식당에서 벌어지는 이야기에요. 밥도 팔고 커피도 파는 그 식당의 주인은 차분하고 다부진 일본인, 사치에랍니다. 어느 날, 그녀가 운영하는 한가한 식당에 한 남자가 들어왔습니다. 남자는 커피를 주문해서 한 모금을 마셨어요. "맛있다."라고 말하면서 덧붙이길, '더 맛있게 만드는 방법을 가르쳐 주겠다.'는 제안을 하지요.
남자는 커피를 분쇄기에 갈아 드리퍼에 몇 숟가락 옮겨 담고는 희한한 행동을 해 보입니다. 검지 손가락을 쭉 펴서 커피에 꾹 찔러 넣더니, "코피루왁"이라고 나지막이 말해요. 참고로 코피루왁은 세계에서 가장 비싼 커피로 소문난 커피에요. 잘 익은 커피 열매를 골라 먹은 사향고양이는 과육만 소화하고, 소화되지 않은 커피 열매를 배설물로 쏟아냅니다. 사향고양이의 몸을 거치는 특별한 방식으로 만들어내는 커피에요. 소량 만들어지니 비쌀 수밖에요.
그렇게 내린 커피는 침묵 속에서 한 방울씩 똑똑 추출되어 한 잔의 커피가 완성됩니다. 남자는 "누군가가 당신만을 위해 커피를 끓여주면, 더욱 맛이 좋은 법", 이라면서 커피 값을 건네고 자리를 떴어요.

마음이 담긴 커피, 마셔본 적 있으세요?
남자가 떠난 뒤, 사치에는 줄 사람을 떠올리며 정성껏 커피를 우려냅니다. 커피에 손가락을 쿡 찔러넣고 "코피루왁"이라고 주문을 외듯 하는 동작도 잊지 않았어요. 그 커피는 함께 일하는 미도리에게 대접했어요. 미도리는 한 모금 마시고는 눈이 휘둥그레져서는 원두 바꿨느냐며, 전에 마셨던 커피보다 훨씬 맛있다는 반응을 보이지요. 사치에는 흐뭇하게 씽긋 웃어 보입니다.
원두도 신선해야 하고 커피를 내리는 방법도 중요하지만, 내리는 사람의 정성과 마음도 커피 맛을 크게 좌우합니다. 신기하게도, 마음을 담아 내리는 커피가 더 맛있어요. 마음이 담긴 커피, 마셔본 적 있으세요? 전 마셔본 적 있어요. 커피상점 〈이심〉의 최진식 바리스타가 내려준 커피. 그곳에 가면, 그의 따뜻한 마음이 담뿍 담긴 커피를 마실 수 있을 거에요. 영화 〈카모메 식당〉의 사치에가 내려주는 커피보다 훨씬 맛있답니다!

영화 이야기 하나 더 할게요.
이 영화는 에스프레소 머신에서 커피를 추출하는 장면부터 시작해요. 삭삭 소리를 내며 스팀으로 우유를 데워 거품을 내지요. 익숙한 손놀림으로 고운 우유 거품을 커피에 부으며 카페라떼를 만듭니다. 영화 〈타이페이 카페 스토리〉의 주인공, 두얼의 손이에요.
영화의 무대는 타이페이의 한 카페. 갑작스럽게 상하이로 간 이모의 빈 가게에, 카페 주인이 되길 간절히 바랐던 두얼이 카페를 열었지요. 하지만 카페 운영은 그리 순탄치 않았어요. 생각만큼 손님이 없었거든요.
그녀에게는 동생이 있어요. 성격도, 하는 짓도 사뭇 다른 동생 창얼이에요. 창얼은 카페에 특색이 있어야 한다면서, 오픈하던 날 친구들이 하나씩 들고왔던 물건들로 물물교환을 시작해요. 특이한 점은 물물교환뿐 아니라, 물건과 이야기를 바꾸기도 하고 물건과 노래를 교환하기도 한다는 것. 아, 소파객도 받아요. 소파객은 배낭여행 온 사람에게 쉬고 몸 뉘일 소파를 빌려주는 거에요. 나중에 내가 배낭여행을 가게 되면 나도 소파객이 되어서 남의 소파에서 쉬어갈 수 있는 거죠. 이것도 일종의 물물교환이잖아요!

나에게 중요한 가치는 과연 무엇일까요?

카페에는 때때로 드나들며 에스프레소를 즐기던 한 남자가 있었어요. 남자는 비누 한 움큼을 가져와서 물물교환하겠다고 내놓았는데요, 당장은 바꿀 물건이 없다면서 비누에 담긴 이야기를 들려주기 시작해요. 모양도 제각각, 색깔도 제각각인 35개의 비누 속에는 35개 도시의 저마다 다른 사연이 담겨 있었지요. 두얼은 그 남자가 올 때마다 비누에 담긴 이야기를 들으며, 그 속에 담긴 사연을 차례차례 그림으로 그려 나가요. 카페를 하기 전 두얼은 디자인 공부를 하려 했지만, 적성이 아니라며 포기하고 말았거든요.

35개 도시의 이야기를 몽땅 들려준 남자는, 마음이 변했다며 비누를 가져가 버립니다. 묻어두었던 그림 솜씨로 그린 그림까지 이야기와 교환한 셈 치고 몽땅 가져가 버리죠. 그것을 계기로, 두얼은 잊고 지냈던 꿈에 대해 다시 한 번 생각하게 됩니다. 한순간에 사라져버렸던 그녀의 그림은 결국 편지봉투에 담겨서 그녀의 손으로 되돌아왔지만, 자신이 진정 원하는 게 무엇인지를 찾아 여행을 떠나게 되는 결말을 맞이합니다.

단지 카페에서 일어나는 소소한 일상이나 로맨스를 담았겠거니, 했는데 영화 속에 '꿈'이라는 소재를 참 잘 녹여냈네요. 영화를 보고 나니 '내게 중요한 가치가 무엇인가?'에 대해 고민하게 되었습니다. 카페에 가고 싶어졌어요. 카페에 가서 오롯이 앉아, 따뜻한 카페라떼를 마시며 곰곰이 생각에 잠기고 싶어요. 올해 스물아홉. 내일모레 서른이지만, 질풍노도의 시기를 벗어나지 못하고 휘청거리는 나에 대한 생각이 필요할 것 같아요. 나에게 중요한 가치는 과연 무엇일까요?

7

카페는
특별하다

카페는 아지트다

CAFE INFO
전화번호 | 02.336.0817 주소 | 서울 마포구 서교동 405-15 2층 영업시간 | 02:00~23:00

홍대 근처에 갔을 때, 마땅히 갈 곳을 정하지 못하면 여기 〈델 문도〉로 향한다. 머리카락 하나 보이지 않을만큼 꼭꼭 숨어 있는 곳이어서, 아는 사람만 찾는다. 모르고 지나가면 그곳에 카페가 있다는 사실을 짐작할 수 없을 만큼 밋밋하게 위치한다. 널빤지에 Open 혹은 Close라고 적힌 글자가 영업 여부를 알려준다. 지금은 이곳을 아는 사람이 워낙 많아졌고, 대개 단골이라서 문을 열면 이미 손님이 가득 차 빈 자리가 없을 때가 잦다. 예전만큼 조용한 맛은 없지만 홍대 일대의 매력적인 카페를 꼽으라면 다섯 손가락 안에 꼽고 싶은 곳. 격하게 아끼는 카페다.

사무실에서 카페로

건물 2층의 평범했던 사무실을 하나둘씩 직접 고쳐가면서 카페를 일구었다. 어떻게 보아도 사무실 같았던 분위기를 바꾸기 위해 일단, 천장을 부쉈다. 퇴색된 콘크리트가 드러났다. 어둑어둑한 가운데 램프 몇 개를 매달았다. 유리창에는 할머니 댁처럼 그리운 느낌이 묻어나는 디자인의 필름을 골라 붙였다. 중고품 가게에서 동경의 대상이었던 음악애호가의 로망, Bose 스피커를 사다 들였다. 바닥의 반은 나무로 된 마룻바닥으로, 나머지 반은 콘크리트를 살려 코팅으로 마무리했다.

지금은 후줄근한 천 위에 'del mondo'라 적은 간판 비슷한 것을 바깥에 내걸었지만 전에는 간판도 없었다. 사람들은 간판이 없던 이곳을 일본인 주인의 이름을 따서 나오키상 집이나 나오키 다방이라고 불렀다.

어엿한 상호는 있다. 〈델 문도〉. 'del mondo'라는 이름은 나오키상이 스페인어를 배울 때 그의 귀를 스쳤다. 안달루시아 사투리를 쓰는 선생이 말한 문장 마지막에 델 문도라는 난생처음 듣는 말이 붙어 있었다. 이상하게 어딘가에서 들어봄 직한, 그리운 어감이어서 희한하게 마음에 머무는 말이었다. 후에 사전을 찾아보니 'In the world'라는 의미였다고 한다. 의미를 알지 못하고 좋아하게 된 것이 실은 세계였다.

　"사람은 자신이 있을 수 있는 곳을 찾고 싶어 합니다. 카페는 그런 분들이 찾아주는 존재입니다. 한 분이라도 많은 분에게 세계의 일부가 될 수 있었으면 좋겠어요." 나오키상의 소박한 바람이다.

개인의 취향

〈델 문도〉는 일본인이 만든, 일본의 맛과 향이 밴 곳이다. 메뉴판은 두 개. 음료와 디저트가 담긴 것, 든든하게 한 끼를 해결할 수 있는 식사가 담긴 것이 있다. 메뉴판을 펼치면 손 글씨로 깨알같이 쓴 한글과 간단히 곁들여 놓은 일본어, 펜으로 간간이 쓱쓱 그려넣은 펜 그림이 잔재미를 준다. 여느 카페에서는 커피가 주연이지만, 〈델 문도〉에서 커피는 조연. 나오키상 개인의 취향이 한껏 가미된 메뉴가 돋보인다.

　여러 가지 찻잎을 섞어서 우유에 우려낸 진한 로열 밀크 티, 나오키상의 개인적 취향으로 편애하며 고른 홍차 브랜드 포트넘 앤 메이슨, 포숑, 마리아쥬 프레르 등의 홍차, 깔끔하고 품위있는 맛과 그윽한 향을 내는 일본의 녹차, 벨기에산 다크 초콜릿을 녹이고 마시멜로우 한 조각을 퐁당 빠뜨려 부드럽게 즐기는 핫 초콜릿 등이 그 자리를 대신한다.

　　디저트에서도 〈델 문도〉 특유의 유니크한 매력과 일본의 냄새가 물씬 풍긴다. 떡으로 만든 와플인 모플은 겉은 바삭, 속은 쫄깃한 식감의 새로운 디저트다. 모찌와 와플을 더해 모플이라는 특별한 메뉴를 만들었다. 견과류와 아이스크림을 얹어 내는데 갓 구워낸 모플은 쫀득쫀득 맛있다. 벨기에산 다크 초콜릿 몇 종류를 혼합해서 직접 만든 생초콜릿은 코냑을 넣어, 초콜릿이지만 어른들의 맛이다. 〈델 문도〉의 트레이드 마크인 코끼리 모양이 그려져 있어서 앙증맞다.

　　일본에서 어렵지 않게 볼 수 있는 중국풍의 간식, 안닌도후도 색다르다. 우유, 생크림, 살구씨 분말 등을 넣고 푸딩처럼 굳힌 디저트다. 우유처럼 새하얀 살결 위에 구기자 씨 하나가 올려져 있다. 한 수저 떠내면 우유 푸딩처럼 탱글탱글하게 떠지는데, 예상을 뒤엎고 은은한 과일 향이 난다. 생소하지만 개운한 그 맛은 집에 가면 은근히 생각난다.

　　식사 메뉴판을 펼치면 세 가지 정도가 눈에 띈다. 오래전부터 스테디셀러로 꾸준히 사랑받고 있는 ‘토마토 치킨 카레’, ‘오야코동’과 단숨에 읽으면 숨이 찰 만큼 긴 이름 ‘일본 전통 여관식 아침 식사’가 있다. ‘토마토 치킨 카레’는 오랫동안 끓여서 만든다. 충청도 당진에서 온 쌀과 하림에서 나온 닭을 넣고 뭉근하게 끓인다. 정확히 저울에 달아본 건 아니지만, 밥 220g, 카레 240g으로 구성되는 심플한 카레 밥이다. 어감이 귀여운 ‘오야코동’에서 오야가 부모인 닭, 코가 자식인 달걀을 뜻한다. 한국어로 설명하면 ‘그 엄마에 그 아들 덮밥’인 셈. 닭이 제 몸과 제 아이(달걀)까지 희생하여 세상의 빛을 볼 수 있었던 메뉴다.

일본 전통 여관식 아침 식사는, 일본 전통 여관에서 자고 일어나면 디밀어 줄 것 같은 아침 식사로 구성되어 있다. 노천탕에 몸을 담그고 나와 노곤함을 푼 뒤, 개운한 마음으로 드는 아침밥 같은 메뉴다. 정갈하게 차린 밥상이 썩 마음에 든다. 꼬들꼬들하게 지은 밥 한 그릇, 짭짤한 미소 시루, 단맛이 나는 계란말이 하나와 담백한 연어구이, 차 등을 쟁반 위 그릇에 깔끔하게 차린다. 삶은 콩을 발효시켜 만든 일본의 발효 식품 낫토도 한 그릇 두둑하게 나온다. 젓가락으로 집으면 피자 치즈가 녹아내리는 것처럼 끈적하게 늘어난다. 젓가락으로 저어서 따뜻한 밥 위에 얹어 먹거나 바삭하게 구워진 김에 싸서 먹는다.

〈델 문도〉의 익숙하고 편안한 분위기가 마냥 좋다. 실내장식도, 메뉴도 확 달라지지 않지만 조금씩, 야금야금 끊임없이 달라지는 소심한 변화가 마음에 든다. 작은 것 하나 놓치지 않고 세세하게 신경 쓴 티가 팍팍 나는 디테일도 좋다. 늘 소신껏, 정직하게 내어주는 느낌이랄까, 그래서 자꾸 〈델 문도〉를 찾게 된다.

혼자 가면 더 좋은

〈델 문도〉는 언제, 누구와 가도 대체로 좋지만 혼자 가기에도 나쁘지 않아서 아지트 삼기 딱이다. 1인석이 있다. 나오키상 역시 혼자 카페에 가서 고립된 자리에서 시간 보내는 것을 즐긴다고. 하나는 테이블이 벽을 마주 보고 있는 1인석, 다른 하나는 마치 도서관처럼 사방이 막혀 있어서 고독을 씹을 수 있는 1인용 자리다. 혼자 온 손님에게는 음료와 디저트를 주문하면 모든 디저트를 천원 할인해 주는 등의 소소한 혜택도 있다.

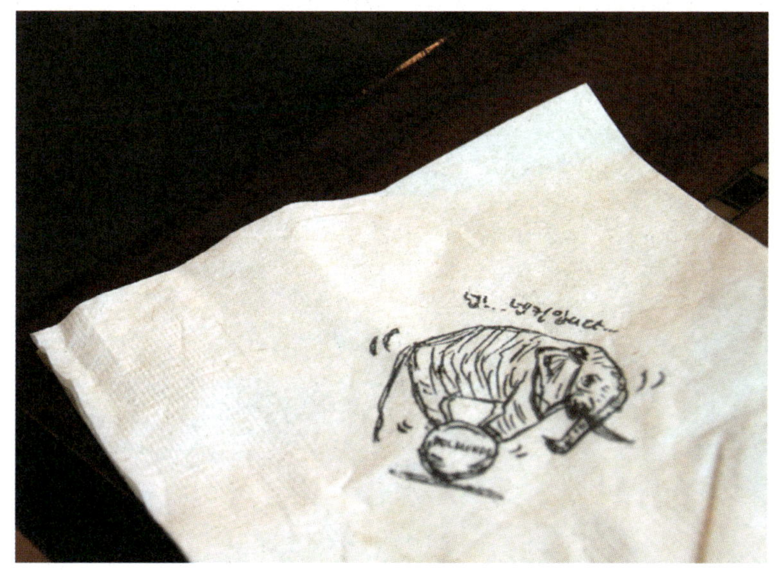

참, 갑자기 생각난 건데. 언제였던가. 카페 문을 열면 유바라는 개 한 마리가 꼬리를 살랑거리며 부비적거릴 때가 있었다. 덩치는 산 만한테, 물지도 짖지도 않고 때때로 혀를 날름거리며 침을 묻혔다. 아무리 앉으라고 해도, 이리 오라고 해도 그렇게 못 알아듣더니만! 일본인인 나오키상이 집에서 키우던 개라 일본어밖에 통하지 않는단다. 그 개의 이름은 유바, 생일 무렵에만 카페에 놀러 온다. 유바의 생일은 9월. 문을 활짝 열었을 때, 커다란 개가 나와서 굵직한 꼬리를 흔들며 반겨주더라도 놀라지 말 것.

카페는 포장마차다

CAFE INFO

주소 | 동암역 북 광장　영업시간 | 18:00~00:30

해질 무렵. 동암역 북광장에 포장마차가 하나 둘씩 문을 연다. 대부분은 떡볶이나 튀김 등 분식류를 파는 포장마차다. 닭 꼬치를 파는 곳도 있다. 그중 희한한 포장마차 하나가 섞여 있다. 일반적으로 포장마차에 들어서면 분식계의 찰떡궁합인 떡볶이와 튀김 혹은 포장마차 최고의 안주 2종 세트 닭똥집, 오돌뼈에 소주 한 병을 외치는 게 정석이지만, 이 포장마차에 들어서면 커피를 주문해야 한다. 동암역의 명물 〈커피포차〉다. 포장마차에서 핸드드립 커피를 판다. 언뜻 생각하면 어울리지 않을 것 같지만, 막상 천막을 들추고 안을 들여다보면 온기 흐르는 따듯한 분위기가 썩 괜찮다. 포장마차 안에서 커피를, 그것도 핸드드립 커피만을 고집해 팔고 있는 이는 '뚱아저씨'. 쉰을 갓 넘긴 중년의 아저씨다. 사람을 외모로만 판단할 일은 아니지만, 적당히 두둑한 '배 둘레 햄'을 두르고 있는 아저씨는 어쩐지 드립커피와 제법 거리가 있을 것 같은 모습이다.

뚱아저씨, 핸드드립 커피를 처음 접하다

아저씨가 핸드드립 커피를 처음 만난 것은 1986년. 당시 직장 생활을 하며 엔지니어로 일했다. 어느 날 해외영업부에 있던 동료가 출장 다녀왔다면서 선물로 원두커피를 안겨 주었다. 커피, 프림, 설탕을 각각 두 숟가락씩 고루 넣어 마시는 '둘둘둘' 비법으로 만든 커피를 즐겨 마시긴 했지만, 원두커피는 생소했다. 마실 생각을 하지 않고 장롱에 그대로 처박아 두었다. 수개월 뒤. 문득 장롱에 넣어둔 커피 생각이 났다. '이거, 맛있는 커피라고 했던 것 같은데…' 지금이야 궁금한 게 있으면 냉큼 인터넷 검색 창에 단어 하나만 두드려 넣으면 될 일이지만, 그때는 인터넷이고 뭐고 없었다. 두툼한 백과사전을 뒤적거리다 기적적으로 핸드드립에 대한 사진을 발견한 게 전부였다. 달랑 한 장의 사진뿐이었지만, 그림을 보니 대충 어떻게 만들어 마셔야겠다는 감이 왔다.

문제는? 도구가 없었다. 고민을 거듭하다가 갖은 상상력을 동원해 비슷한 도구를 찾아 끼워 맞췄다. 책받침을 깔때기 모양으로 만들어 커피를 담는 드리퍼를 만들고, 창호지와 한지를 이용해 커피 가루를 걸러낼 커피 필터를 대신했다. 원두를 갈아 곱게 만드는 데는 그라인더 대용으로 믹서를 썼다. 핸드드립에서 물을 부을 때 쓰이는 포트는 정종을 담는 주둥이 좁은 주전자를 골랐다. 그림 한 장을 참고 삼아 구색을 갖춘 것치고는 그럴듯했다. 곱게 간 커피에 천천히 물을 부어 커피를 내렸다. 검은빛을 띤 커피가 책받침 위 창호지를 지나 한 방울씩 똑똑 걸러졌다. 어렵게 내린 핸드드립 커피 한잔이 완성되는 순간이었다. 맛있는 커피라는 동료의 말에 잔뜩 기대를 품고 코를 킁킁. 그런데 웬걸? 커피에서 몹쓸 냄새가 났다. 맛 또한 생전 보지도 듣지도 못한 이상한 약품 맛이었다. 나프탈렌 맛이었다.

울컥하는 마음에 선물했던 동료에게 전화를 걸었다. 그러고선 이걸 사람 먹으라고 준 것이냐며 대뜸 화를 냈다. 상황을 설명하자 친구는 껄껄 웃으며 그것을 이제야 열었느냐고 핀잔을 주었다. 몇 달간 옷장 속에 넣어둔 게 화근이었다. 커피는 옷장의 좀약과 각종 냄새를 빨아들이며, 탈취제 역할을 톡톡히 했던 것이다. 잦은 출장으로 적잖이 '외국물'을 먹은 친구의 집에는 드리퍼, 서버 등 핸드드립에 필요한 커피 용품이 있었다. 제대로 된 도구로 내린 핸드드립 커피는 과연 달랐다. 냄새부터 확연히 달랐다.

드립커피의 맛을 제대로 본 뚱아저씨. 하지만 곧바로 드립커피를 즐기기 시작한 건 아니었다. 방법은 알게 되었지만, 여전히 도구를 구하는 건 하늘

의 별 따기였다. 당시 백화점에 커피 메이커가 있긴 했지만, 10만 원 대였다. 30만 원을 조금 넘기는 돈을 한 달 치 월급으로 받던 시절이었다. 시간이 차츰 지나고 우리나라가 발전을 거듭하면서 언제부터인가 백화점에서 핸드드립을 위한 커피 용품을 팔기 시작했다. 수년 후 뚱아저씨는 핸드드립의 손맛을 잊지 못하고 도구를 장만해 집에서 핸드드립 커피를 즐겨 마셨다.

뚱아저씨만의 특별한 핸드드립 커피

뚱아저씨는 원두의 일부를 직접 볶아 사용한다. 소량씩 볶아서 사용하는 데, 원칙이 있다. 여름에는 볶은 지 일주일, 가을에는 볶은 지 열흘, 겨울에는 볶은 지 이주를 넘기지 않도록 한다. 이 집의 핸드드립 방식은 독특하다. 핸드드립 커피를 내리는 사람을 가만히 관찰하면, 숨이 넘어갈 듯 천천히 움직인다. 가느다란 물줄기로 커피 위에 빙글빙글 원을 그리면서 심혈을 기울여 커피를 내린다. 뚱아저씨의 핸드드립은 다르다. 큰 덩치에 어울리지 않게 손놀림이 아주 재빠르다. 한 번에 여러 명이 오면 제각각 다른 메뉴를 주문하는 때가 잦다. 한

잔을 내리는 데 5분은 족히 걸리는데, 4잔을 한 잔씩 내리자니 여간 오래 걸리는 게 아니었다. 한 번에 4잔을 후다닥 내리다 보니 남들보다 빠른 속도로 내리게 되었단다.

이렇게 내린 핸드드립 커피는 한 잔에 2,000원~3,500원. 가격은 여느 곳의 반 토막이지만 커피 맛은 흠 잡을 데가 없다. 진하게 혹은 연하게, 취향에 따라 맞춤형으로 내려준다. 나처럼 진하게 마시는 사람에게는 "목으로 넘어갈 때 묵직하게 넘어가야 제맛!"이라며, 원두를 아끼지 않는다. 핸드드립 커피치고 양이 푸짐하다. 보통 핸드드립 전문점에 가면 140~150mL 내놓는 게 고작인데, 여기 커피는 200mL다. 하루 3L가량의 커피를 마셔야 직성이 풀린다는 본인 기준이다. 〈커피포차〉에서 커피를 얻어 마시려면 5분 정도의 여유 시간은 필수. 들어오자마자 왜 이렇게 안 나오느냐며 재촉을 할 참이거나, 급한 볼일이 있어 시간에 쫓기는 상태라면 〈커피포차〉는 건너뛰는 게 좋다. 이런 손님에게 뚱아저씨는 쿨하게 "근처 커피 전문점에 가서 아메리카노를 드시라"고 권한다.

사랑방 노릇을 톡톡히 하는 〈커피포차〉

포장마차에서 핸드드립 커피를 팔게 된 이유는 간단하다. 금전적인 이유다. 뚱아저씨는 회사에 불어 닥친 명예퇴직의 바람에 휩쓸려 회사를 나왔고, 손에 퇴직금을 쥐게 되었다. 그 돈으로 사업을 벌였다가 결국 말아 먹었다. 할 줄 아는 건 커피뿐이었는데, 금전적인 여유가 없어 포장마차에서 커피를 팔게 되었다. 지금이야 참새가 방앗간을 그냥 못 지나가듯 습관처럼 들르는 퇴근길의 직장

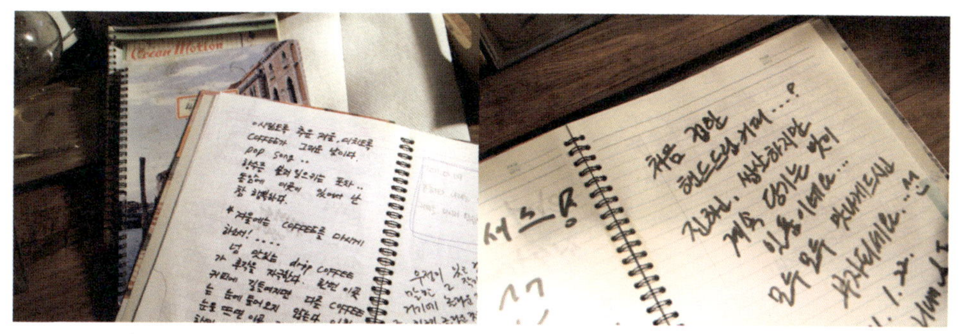

인, 한 달에 족히 30번은 이곳에서 커피를 마신다는 뚱아저씨 표 커피 중독자, 드문드문 이곳 커피 맛 생각이 나서 먼 길 마다치 않고 찾아오는 손님들 덕분에 포장마차에는 온기가 가실 줄 모르지만, 처음부터 그랬던 것은 아니다.

잘 될 거라는 기대로 시작했지만, 처음에는 하루에 달랑 7잔 팔리는 씁쓸한 나날이 이어졌다. 아직 핸드드립 커피 자체가 생소한 사람이 많은 탓도 있었고, 포장마차에서 커피를 파는 행색이 영 어색해서였는지 손님이 많지 않았다. 고압으로 추출해 만든 에스프레소를 넣어 만든 아메리카노와 핸드드립 커피의 차이를 전혀 알지 못하는 손님이 대다수였고, 술에 얼큰하게 취해 포장마차인 줄 알고 들어와 소주를 달라며 떼를 쓰는 불청객도 많았다.

첫해 여름에는 커피만으로 유지가 어려워 빙수를 팔며 가까스로 버텼다. 작년 11월에는 '이놈의 포장마차, 그만둘까?' 하는 생각도 했었단다. 하지만 그 동안 〈커피포차〉를 드나들었던 사람들이 필사적으로 그를 말렸다. 인터넷 카페를 만들어 단골들이 서로 뭉치고 MT를 계획해 떠나는 등의 노력으로

〈커피포차〉를 지켰다.

이곳에서 처음 핸드드립 커피를 접했다는 한 단골손님은 동암역 앞을 지나가다가 우연히 이곳을 만났다. '포장마차에서 커피를 팔아?' 하는 단순한 호기심에 들렀다가 단골이 되었단다. 30대 직장인인 그는 처음 〈커피포차〉에 발을 들였을 때만 해도 커피의 '커' 자도 몰랐다. 아저씨의 커피를 한 잔, 두 잔 마시러 오다가 자연스럽게 커피 맛을 알게 되면서 커피에 관심이 생겼다. "항상 오는 사람이 오고 또 오고 하니까, 자꾸 만나다 보니 단골손님들과도 친해

졌어요. 퇴근길에 이곳을 지나면, 그 사람이 있겠지? 하는 기대를 품고 왔다가 또 새로운 사람을 만나게 되더라고요. 이 포장마차는 이 동네 사랑방이에요. 사람 냄새 나는 포장마차지요." 동감이다. 이보다 사람 냄새가 짙은 커피 파는 곳을 본 적이 없다. 〈커피포차〉는 이 일대의 사랑방 노릇을 톡톡히 해내고 있었다.

〈커피포차〉는 시한부다. 뚱아저씨를 〈커피포차〉에서 만날 수 있는 시간은 이제 3년하고, 몇 개월쯤 남았다. 시작할 때부터 딱 5년만 하겠다고 다짐했단다. 이후에는 오래 전부터 점 찍어 놓았던 강원도 어디께로 들어가서 살 예정이란다. 거기서도 핸드드립 커피를 팔 계획이냐는 물음에, "찾아오는 사람이 있으면 해줘야지!"라고 흔쾌히 대답하는 뚱아저씨. 수년 후에는 각고의 노력으로 발품을 팔아야 마실 수 있는 귀한 커피 한잔이 될지도 모를 일이니, 곁에 있을 때 부지런히 마셔 두어야겠다.

아메리카노 vs 케냐 AA

〈커피포차〉의 바스락거리는 천막을 걷고 안으로 들어가 앉는다. 콧속으로 스미는 커피향을 즐기면서 커피 한잔을 주문해 놓고 기다린다. 핸드드립 커피는 아메리카노 만들듯이 뚝딱 만들어져 나오는 게 아니다. 얌전히 앉아서 잠자코 기다려야 한다. 약 5분간, 조금 더 걸릴 수도 있다.

천막이 열렸다. 손님이 들어왔다. 젊은 여자 2명이다. "와, 포장마차에서 커피를 팔아요? 신기하네요!" 하더니, 메뉴판은 거들떠 보지도 않고 "아메리카노 2잔 주세요!"를 외친다. 뚱아저씨는 아메리카노는 없다면서, 메뉴판을 가리켰다. 메뉴판에는 케냐 AA, 인도네시아 만델링, 브라질 산토스, 콜롬비아 수프리모 등이 적혀 있었다. 손님은 잠시 메뉴판을 들여다 보더니, '이게 무엇이냐?'는 반응을 보였다.

〈커피포차〉에는 아메리카노가 없다. 아메리카노만 없느냐? 카푸치노도 없고 카페라떼도 없다. 카라멜 마끼아또는 당연히 없다. 핸드드립 커피를 내놓는 곳이어서 에스프레소 머신으로 뽑아낸 에스프레소를 베이스로 만든 메뉴는 없다. 에스프레소는 높은 온도, 높은 압력으로 뽑아내는 커피 원액이다. 쓴맛이다. 커피 농축액이라고 생각하면 되는데 여기다 물을 부으면 아메리카노, 우유를 부어주면 카페라떼, 우유와 1cm 정도의 거품을 함께 얹어주면 카푸치노가 되는 것이다.

〈커피포차〉의 드립커피는 다르다. 알맞게 볶은 커피 콩을 자잘하게 갈고, 거름 종이 위에 갈린 커피 콩을 담는다. 물을 부으면 커피 층을 거쳐, 거름 장치에 걸러진 커피가 똑똑 떨어지면서 추출된다. 핸드드립 커피의 경우 마시는 사람의 취향을 더욱 세심하게 고려할 수 있다. 여러 산지의 커피 콩을 블랜딩해서 쓰는 에스프레소와 다르게, 산지별 특징이 뚜렷한 원두를 골라 마실 수 있다. 와인에서 말하는 떼루아처럼 품종과 토양, 날씨 등에 따라 커피의 특징이 달라진다. 향, 산미, 쓴맛 등을 개인의 특성과 기호를 충분히 반영해 골라마실 수 있다.

금세 만들어내는 에스프레소 머신으로 만든 커피가 패스트 푸드의 느낌이라면, 핸드드립 커피는 슬로우 푸드 같은 느낌이다. 나는 개인적으로 번갯불에 콩 볶듯 일사분란한 동작으로 움직여서 내어주는 커피 한잔보다 몇 분씩 걸리는 시간을 차분히 가다려서 건네 받는 그 맛을 더 좋아한다. 그게 바로 손맛인걸까.

커피는 기호 식품이기 때문에 당연히 호불호가 존재한다. 누군가는 머신으로 뽑아낸 에스프레소를 넣어 만든 메뉴가, 누군가는 손맛으로 천천히 내려 마시는 핸드드립 커피가 마음에 들 것이다. 하지만 이건, 어디까지나 개인의 취향이다. 어느 쪽이 더 맛있다고 명확하게 선을 그을 수 없다는 것. 이글을 끼적이고 있는 이유는 알고 마시자는 것이다. 에스프레소 머신으로 뽑아낸 아메리카노와 손으로 만든 핸드드립 커피 케냐 AA. 잔에 담아 놓으면 둘 다 시커먼 것이 별 차이가 없어 보이지만, 다르다는 것쯤은 알고 마시자.

카페는 커피 공장이다

CAFE CULTURE 낡은 공장의 재활용 앤트러사이트

CAFE INFO

전화번호 | 02.322.0009 주소 | 서울 마포구 합정동 357-6 영업시간 | 12:00~01:00

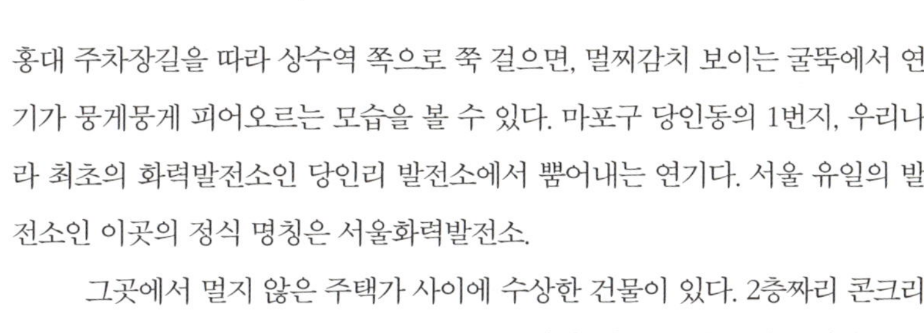

홍대 주차장길을 따라 상수역 쪽으로 쭉 걸으면, 멀찌감치 보이는 굴뚝에서 연기가 뭉게뭉게 피어오르는 모습을 볼 수 있다. 마포구 당인동의 1번지, 우리나라 최초의 화력발전소인 당인리 발전소에서 뿜어내는 연기다. 서울 유일의 발전소인 이곳의 정식 명칭은 서울화력발전소.

그곳에서 멀지 않은 주택가 사이에 수상한 건물이 있다. 2층짜리 콘크리트 건물인데, 낮에 보면 영락없이 낡은 공장 같다. 밤에 보면 슬쩍 음침하고 우중충하다. 이 수상한 건물에서 커피 볶는 냄새가 스믈스믈 새어 나온다. 아무래도 미심쩍어서 더는 견딜 수가 없다. 녹이 슨 철문을 드르륵 하고 열어 젖혔더니, 상상과는 다른 생경한 풍경이 눈앞에 펼쳐졌다. 커피 로스터, 〈앤트러사이트〉다.

다시 태어난 공장

이곳은 공장이었다. 수많은 노동자들이 피땀 흘려 일하는 일터였다. 이전에는 신발 공장이었고, 그보다 훨씬 전에는 빠칭고 기계, 발전기 부품 등이 여기서 만들어졌다. 문을 열고 들어가면 70평에 달하는 1층의 입구에서 주문을 받고 커피를 만든다. 안쪽에는 묵직하게 놓인 로스팅 기계에서 커피가 달달 볶이고 있다. 세계 곳곳의 커피 벨트에서 공수해온 커피 자루들이 널려 있다. 지금은 커피 공장이다.

볶은 원두를 봉투에 담아 팔기도 하고, 이곳에서 볶은 원두로 만든 커피를 팔기도 한다. 2층은 카페 겸 전시 공간으로 운영한다. 홍대 인근에서는 좀처럼 찾아볼 수 없는 널찍하고 탁 트인 공간이 시원스럽다. 요즘 홍대 일대의 카페들은 숨통을 조이는 월세와 하늘 높은 줄 모르고 치솟는 권리금 탓인지 아기자기함을 넘어서, 지나치게 오밀조밀한 경향을 보인다. 옆 테이블과 겨우 한 뼘가량 떨어져 있어서 거의 붙어 있다시피 하니, 아무리 옆 사람의 이야기를 엿듣지 않으려고 해봐야 아무 소용 없다. 〈앤트러사이트〉는 좌석이 뚝뚝 떨어져 있어서 여럿이 모여 두런두런 담소 나누기에 알맞다.

〈앤트러사이트〉의 김평래 대표도 홍대앞과는 비교할 수 없는 크기에 단단히 반했다. 도심 속의 공간은 터무니 없이 비싸서 부담스럽기도 했고, 못 쓰게 된 건물을 재생하면 좋을 것 같다는 생각이 들어 이곳을 택했다. 폐허에 가까운 공장이었지만, 그 모습이 아름답다는 사실은 인지하고 있었다. 카페를 둘러보면, 웬만하면 손대지 않으려고 퍽이나 애쓴 노력이 보인다. 외관부터 그렇다. 녹슨 철문, 칠이 벗겨진 벽이 낡은 채로 버티고 있다. 나무로 얽히고 설킨 천장 구조도 내버려 두었다.

카페 안의 벽은 허물다 말았다. 콘크리트를 적당히 허물었는데, 끝이 찌글찌글 허물어진 모양 그대로다. 반듯하게 직선으로 깍아내거나 매끈하게 다듬으려는 노력은 애당초 하지 않은 듯싶다. 자칫 갑갑하게 느껴질 수 있는 한가운데의 벽에 구멍을 뚫었다. 역시 벽돌이 적나라게 드러난 채 방치했다.

벽을 사이에 두고 한쪽에는 2~4인용 테이블이, 다른 한쪽에는 빅 테이블이 있다. 철제 테이블을 가운데 두고 4면에 의자와 소파가 빙 둘러 있는 모습이다. 이 테이블은 MBC 무한도전 팀이, 비빔밥 광고에 대해 서경덕 교수와 의논하는 장면에 등장했던 그 테이블이다. 연인이 나란히 앉아 맞은 편에 앉은 사람의 따가운 눈총을 받으며 애정행각 벌이기 좋을 법한 구성이다. 테이블에 앉아서 어깨동무를 하든, 다정하게 손을 꼭 붙잡고 있든. 그것은 내 알 바 아니

고. 내가 콕 집고 싶은 포인트는 테이블의 모양새다. 어쩐지 낯이 익는다. 짙은 초록색, 군데군데 녹이 슬었고, 철제로 되어 있으며, 엉뚱하게 길쭉한 손잡이 가 달려있다. 뭐, 연상되는 거 없나? 그렇다. 그것은 문짝이다. 대문짝만한 실 제 대문을 가져다 뉘어 놓았다.

문화를 담는 그릇

〈앤트러사이트〉는 철학을 전공했고, 미국으로 건너가 콘트라베이스를 공부한 이력의 김평래 대표가 운영한다. 그는 이곳을 문화적 공간으로 키워가고 있다. 커피를 마시며 시간을 보낼 수 있는 카페일 뿐 아니라, 카페가 곧 전시장이고 공연장이다. 처음에는 텅 비어 있었던 잿빛 벽에 은은한 조명과 함께 그림 또 는 사진이 걸리며 멋진 갤러리로 탈바꿈했다.

　홍대 일대를 아지트로 삼고 있는 인디밴드들의 공연을 위한 공간으로 활용되기도 한다. 빵빵한 음향 시설을 갖춘 화려한 공연장은 아니지만, 주체할 수 없는 끼를 한껏 드러내기에는 충분하다. 인디밴드의 공연 뿐 아니라 소통이 필요한 문화라면, 장르에 제한을 두지 않는 열린 마음으로 전시와 공연을 맞이한다.

　주택가 한가운데, 아파트를 마주보고 있는 공간에서 이런 일들을 벌이다 보니 주민이 시끄럽다며 항의를 하거나 신고하는 일도 있었다고 한다. 게다가 인근 지역이 재개발 지역이라서 온갖 시련을 겪었을 것으로 짐작된다. 부디, 등쌀에 떠밀리지 말고 잘 버텨서 다채로운 문화를 담을 수 있는 그릇으로 유지되길 바란다.

설마 이런 곳까지 카페가?
비닐하우스에 꾸린 카페

제주도는 요즘, 핫 플레이스다. 이른바 제주도 이민을 택한 사람들로 부글부글
끓는다. 도시에서 치열하게 살았던 사람들이 무거운 짐을 살짝 내려놓고 고르
게 숨 쉬며 살기 위해 섬으로 건너가 정착을 꾀한다. 그래서인지 젊은이가 운
영하는 게스트하우스나 카페가 우후죽순 생겨나는 추세다. 최근 제주도에 카
페가 참 많이 생겼다. 안타까운 건 뚜렷한 콘셉트나 별다른 소신 없이, 밋밋하
기 그지없는 곳이 대다수라는 점이다. 시간이 지나면 경쟁력 있는 카페만 살아

CAFE INFO

전화번호 | 010.2412.7057   주소 | 제주 서귀포시 안덕면 대평리 885-8   영업시간 | 12:00~22:00

남게 될 터.

　수년이 지나도 그 자리를 굳건히 지킬 것 같은 카페가 있다. 아니, 수년이 지나도 그 자리를 지켰으면 하는 카페가 있다. 제주도 남쪽, 대평리 복지회관 맞은 편에 자리 잡은 카페 〈선자살롱〉이다. 제주도에서 만난 카페 중 한 손에 꼽고 싶은 매력 덩어리다. 이곳 대표의 이름이 선자다. 미술을 전공했고, 뭍에서는 아이들을 가르쳤다. 초등학교 방과 후 교사로 수년간 일했고, 미술 학

원을 꾸리기도 했던 그림쟁이다.

〈선자살롱〉은 한라산 끝자락에 가까운 전형적 산촌 가시리에 있었다. '살롱'이라는 이름 때문이었는지, 주민은 〈선자살롱〉을 크게 달가워하지 않았다. 외지 사람들이 이곳을 찾아 가시리를 오가는 것도 영 내켜 하지 않는 눈치였다. 다방 같은 건 줄 알고 간판을 내리라고 으름장을 놓기도 했다.

처음부터 카페를 열어야지, 하고 작정했던 것은 아니다. 때때로 그녀의 집을 드나들던 사람들이 카페를 열어보면 어떻겠느냐며 권했지만, 한 귀로 듣고 한 귀로 흘렸었다. 그러다 큰돈은 아니어도 입에 풀칠할 거리가 필요했고, 지인들끼리 아지트나 작업 공간을 겸해 쓰면 좋겠다는 생각에 〈선자살롱〉을 열었다. 커피와 갖가지 차, 2~3주에 한 번씩 만들어 둔다는 거품 많은 수제 맥주, 모히토를 비롯한 칵테일 등을 부담 없는 가격에 판다. 가시리 집의 계약이 만료되면서 지인 몇몇이 먼저 둥지를 튼 대평마을에 다시 터를 닦게 되었다.

〈선자살롱〉이 올라앉은 곳은 둥그스름한 지붕의 비닐하우스. 5년 계약한 집에 딸린 창고였다. 카페 안으로 들어가는 길목에는 흙 바닥이 드러나 있다. 비닐하우스로 쓰였을 때 그대로, 군데군데 조그만 돌들이 굴러다닌다. '제주'답다. 비닐하우스는 튼튼하게 고치고 창문을 내 어엿한 카페의 모습으로 거듭났다. 내가 〈선자살롱〉을 찾을 무렵, 부지런히 비닐하우스를 손보고 있었다. 곧 불어닥칠 태풍에 대비하는 자세였다. 제주도는 바람이 많기로 유명하지 않던가. 태풍에 날아가지 않기 위해서는 보수가 필요했다.

〈선자살롱〉은 갤러리 카페다. 옮긴 지 그리 오래되지 않은 지금은, 선자 씨의 그림 몇 점과 지인들의 그림 몇 점을 걸어둔 것에 그쳤지만 추후 이곳을 문화 공간으로 꾸려나갈 계획이다. 한편에 화실을 만들어 작업 공간으로 쓰고, 직접 그린 그림으로 채운 전시도 열 생각. 어쩌면 좌식 공간을 무대 삼아 조촐한 공연을 벌일 수도 있다. 제주도에, 그것도 제주 '시'가 아닌 '리'에 살면 가장 크게 포기해야 할 부분이 문화생활인데, 사람들이 〈선자살롱〉을 편안한 마음으로 오가며 차를 마시고 책도 읽고. 수많은 문화를 공유했으면 하는 게 선자 씨의 희망이다. 가까이 있었다면 문턱이 닳도록 드나들고 싶은 공간, 〈선자살롱〉. 멀리서나마 응원하겠다.

카페는 사찰이다

CAFE INFO

전화번호 | 02.883.7354 주소 | 서울 관악구 인헌동 180-2 영업시간 | 11:00~22:00

내가 아는 길상사는 둘이다. 한 곳은 법정 스님이 입적하신 곳으로 널리 알려진 성북동의 길상사, 다른 한 곳은 언제 가도 마음 편히 머물다 올 수 있는 열린 공간, 〈지대방〉이 있는 인헌동의 길상사다. 내 발길이 먼저 닿았던 곳은 인헌동의 길상사다.

세상에서 가장 예쁜 사찰

길상사는 3층짜리 빌라를 사찰로 만든 독특한 모양새의 절이다. 내 눈으로 본 사찰 중 가장 예쁜 사찰이다. 옛날에 지어진 사찰들이 산에 많아서 그렇지, 절이 꼭 첩첩산중에 있으란 법은 없다. 마루를 깔아 만든 널찍한 앞마당에 도자기 모자이크로 표현한 미륵불 벽화가 눈에 들어온다. 턱에 손을 괴고 빙그레 웃는 모습의 부처, 부처를 향해 고개를 숙인 보리수가 관악산 아래 멋스럽게 드리워져 있다. 건물의 아래층은 비구니들의 생활 공간으로 쓰이고, 3층에는 법당을 꾸며 놓았다.

그간 눈에 익었던 사찰을 떠올려 본다면 무척이나 낯설다. 하얀 빛깔의 도자기 모자이크로 장식된 벽, 단순하게 선만으로 그려진 탱화. 중앙에 부처를 모신 공간은 대단히 감각적이어서, 당장 인테리어 잡지에 실려도 손색이 없을 만큼 잘 다듬어진 모습이었다. 길상사는 다른 사찰과 확연히 다른 멋을 뽐내고 있었다.

절 밑에는 〈지대방〉이라 이름 붙인 찻집이 있다. 지대방은 원래 절에서 스님들이 담소를 나누는 휴식 공간을 뜻한다. 대중들이 친숙하게 드나들 수 있는 공간을 만들고자 했던 정위 스님의 뜻에 따라, 길상사에 〈지대방〉이 문을 열었다. 공사를 맡은 인부를 일일이 쫓아다니면서 세심하게 신경 썼다. 스님의 손길이 닿지 않은 곳이 없다.

묵직하게 들어앉은 실내장식 소품들은 골동품을 십분 활용했다. 좀처럼 나이를 짐작할 수 없는 고가구도, 오래된 물건을 버리지 않고 아낄 줄 아는 심성을 가진 스님이 들여 놓은 것이다. 도통 이 공간에 어울리지 않을 것 같은 돌덩이도, 스님의 안목을 거치면 조화롭게 어우러진다.

〈지대방〉 터는 원래 창고로 썼던 곳이라는데, 지금의 근사한 모습만 보아서는 그 시절의 모습이 그려지지 않았다. 삼국사기의 김부식은 검이불루 화이불치라 하였다. 검소하되 누추하지 않고, 화려하되 사치하지 않는 것. 마치 이곳을 두고 한 말처럼, 〈지대방〉은 넘치지도 모자라지도 않는 아름다움을 지니고 있다.

사찰, 문화 공간으로 다시 태어나다

〈지대방〉은 애초에 문화 공간으로 태어났다. 주변에 단독 주택과 다세대 주택이 즐비한 평범한 주택가라서, 문화 공간을 거의 찾아볼 수 없다는 것을 염두

커피 마시는 개, 진진

에 뒀다. 전시할 공간을 확보하려고 일부러 한쪽에 있는 창문을 막아서 여백을 만들었다. 이곳을 열면서 처음 선보였던 법념스님의 자수 전시회를 시작으로 꾸준히 전시를 하고 있다. 전시 기간은 한 달 남짓. 1년에 너덧 번 씩 부지런히 하는데도, 꼬박 3년 치가 밀려 있다.

내가 정위 스님을 뵙기 위해 길상사를 찾았던 이날에도 전시가 한창이 었다. 실내 장식인지, 전시인지. 가늠하기가 모호했다. 작품이 그만큼 편안한 모습으로 〈지대방〉에 녹아들었다는 것일 게다. 작가도, 주제도, 작품도 제각각 인 전시들이 하나같이 이곳 분위기에 흠뻑 젖어든다.

〈지대방〉에 오면 마음이 포근하고 아늑하다. 몸과 마음 모두, 온전하게 쉬어갈 수 있는 몇 안 되는 공간이다. 음악도 공해일 수 있다는 염려 때문에 음 악도 틀지 않는다. 이곳에서만큼은 평온하고 잠잠하게 시간을 보낼 수 있다.

사찰에 찻집이 있다고 하면 옛날부터 즐겨 마시던 그런 차만 있을 줄로 오해하지만, 지나친 편견이다. 〈지대방〉에서는 커피도 판다. 그것도 핸드드립 에 더치커피까지 내놓는다. 향이 풍부하고 신맛이 강한 이가체프, 뒷산에서 자 란 모과를 섞어 만든 향긋한 모과차, 정성스레 삶은 팥으로 진하게 쑤어낸 팥 죽에 쫄깃한 식감의 새알 동동 띄운 죽 한 그릇을 모아 놓으니 참으로 묘하다.

어떻게 커피를 팔 생각을 하셨느냐고 여쭈었다가, 졸지에 촌놈이 되었 다. 허허 웃으시며 '촌놈들이나 그렇게 말하는 것'이라며 운을 뗐다. "요즘은 모든 문화가 다 크로스오버에요. 지금 이 시점을 사는 사람들은, 이 시점에 맞 는 것들을 따라가고 선도해갈 줄 알아야 합니다." 정위 스님은 신선한 생각, 타 고난 감각이 웬만한 젊은 사람들 저리 가라 할 정도로 세련되었다.

한국적이되 편협하지 않고, 세계적이되 뿌리는 잃지 않은 모습의 길상사 〈지대방〉. 정위 스님은 지대방을 꾸리면서 우리 것에도 희망이 있구나, 하고 느낀다. 그곳에 가면, 따듯하고 부드러운 기운이 흐른다. 행복에 겨워 절로 미소가 지어진다. "잠깐이라도 쉬면서 행복을 느끼고 갔으면 좋겠습니다. 그분들이 행복하면, 저도 행복합니다." 정위 스님의 아주 소박한 소망이다.

1. 보는 재미가 쏠쏠한 방명록 in 〈커피포차〉

다녀간 손님들이 방명록을 남길 수 있도록, 노트를 놔둔 곳이 더러 있다. 가장 많이 눈에 띄는 흔적은 단연 애정 과시형이다. "김양♡이군", 본인의 프라이버시를 중하게 여기는 이들은 이니셜을 사용하기도 한다. "TK♡JH" 이렇게. (여자는 지혜나 지현, 주현이일 가능성이 농후하다.) 그다음으로 많이 눈에 띄는 것이 발자취 형이다. "홍길동 왔다감"이라고 이름을 남긴다. 누가 뭐래도 이름 아래는 년, 월, 일을 함께 적는 게 필수. 뜬금없이 방명록에 소원을 끼적거리거나 울컥해서 복잡한 심경을 토로하는 사람도 있다. 잘 살펴보면, '어떤 게 맛있다'는 고급 정보도 담겨 있어서 메뉴 선택에 도움이 되기도.

2. 지구본과 카메라 in 〈에티오피아〉

홍대 앞, 산울림 소극장 맞은 편. 사진 갤러리 카페 〈에티오피아〉가 있다. 아프리카에서 담아온 생생한 사진들을 보고 있노라면 당장 배낭을 꾸려 비행기에 몸 싣고 싶은 심정이 되고 만다. 카페 안을 둘러보다가 나도 모르게 이 장면에서 시선이 멈췄다. 여행병 돋게 하는 물건, 세계가 담긴 지구본과 카메라. 여기에 항공권, 여권과 돈만 더하면 세상 부러울 게 없을 것 같았다. 떠날 수 있으니까.

3. 폭스바겐 미니버스 in 〈호호미율〉

작은 버스를 카페 안에 들여 놓았다. 즉시 몰고 나가도 될 것처럼 반짝반짝 깨끗하게 세차 된 폭스바겐 미니 버스. 카페 입구에 떡하니 버티고 있는 이 차는 무엇에 쓰이는 물건인고, 하니 카페의 주방 겸 카운터로 쓴다. 메뉴를 주문하면 주인이 차에 탑승, 그 속에서 주문을 받고 계산을 한다.

4. 룩빠 매거진 '발밤발밤' in 〈커피상점 이심〉

이 삽시는 티베트 난민을 돕는 단체 '룩빠'에서 만든다. '발밤발밤'은 한 걸음, 한 걸음 천천히 걷는 모양을 말한다. 천천히 하지만 평화를 위해 꾸준히 걷는 그들의 행보와 닮은 이름이다. 룩빠의 정체가 궁금하다면, 책속에서 룩빠 2호점인 〈사직동 그 가게〉를 찾아볼 것.

연남동의 커피상점 〈이심〉에서 팔고 있는 것을 발견, 냅다 집어왔다. 〈이심〉은 작은 테이블 위에 제법 괜찮은 전시, 공연 소식을 전하는 전단이나 볼만한 책자를 소소하게 들여 놓아 문화와 사람 간의 다리 역할을 한다.

5. 커피 벨트에서만 자란다고 굳게 믿었던 커피나무 in 〈커피커퍼〉
〈커피커퍼〉는 강원도를 주름잡고 있는 커피 전문점 중 하나다. 그중 강원도 강릉시 왕산면의 〈커피커퍼〉는 커피 박물관과 커피 전문점을 함께 운영한다. 로스팅부터 분쇄, 추출에 이르기까지 다채로운 커피의 역사를 한 자리에서 만날 수 있다. 특별한 점은 농장도 있다는 것. 우리나라에서 최초로 상업용 커피가 생산된 의미 있는 커피 농장이다.
열대, 아열대 지역에서만 커피가 나온다고 굳게 믿었던 사람들에게 신선한 충격이다. 그곳에 가면, 커피 열매 실하게 맺힌 커피나무가 무럭무럭 자라난다. 〈커피커퍼〉에서 발견한 커피 묘목.

그 동네엔 어떤 카페가 있을까?

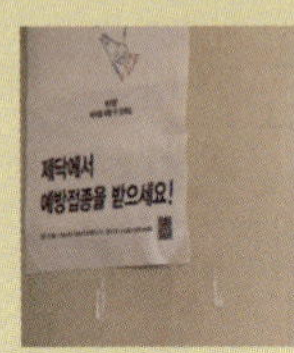

01 제너럴 닥터 사람이 즐거운 병원 그리고 카페

〈제너럴 닥터〉는 새로운 모습의 병원이다. 아플 때 찾아가서 의사와 환자로 만나 잠시 얼굴을 맞댄 다음, 주사 한 대 쿡 찔러주거나 혹은 처방전 한 장을 쓱 디밀어주고 마는 딱딱한 병원과는 사뭇 다르다. 아픈 사람을 환자 대신 의료 이용자라고 부르며, 둘 사이의 소통을 중요하게 생각한다. 환자 한 명당 진료 시간은 30분 정도.

아프지 않을 때도 놀러 가고 싶어지는 곳이다. 홍대 특유의 자유분방함이 녹아있는 공간에서 차를 마시며 시간을 보낼 수 있는 아늑한 카페이자 조금 특별한 동네 의원이다. 입구에 붙어 있는 포스트잇에 적힌 것처럼, 이곳에는 고양이 4마리가 살고 있다.

A. 서울 마포구 서교동 329-1 T. 02.338.0407 Open. 11:00~23:00

02 수카라 유기농 음식재료를 사용하는 일본풍의 오가닉 카페

숟가락을 일본풍으로 발음한 '수카라'는 한국의 생활과 문화를 일본에 소개하는 월간지다. 홍대 앞 카페 〈수카라〉는 일본의 문화를 한국에 소개하고 싶은 마음으로 태어난 곳이다. 이곳에서 내어주는 음식은 유기농 음식재료로 만든다.

〈수카라〉는 쉽게 유기농을 사용한다고 말하지 않는다. 평창 뒤뜰 작목반 김이중 씨가 키운 생명농업 쌀, 임자도 염전에서 햇빛과 바람으로 만든 생소금 등. 여건상 사용하기 어려운 몇몇 재료를 빼고는 유기농을 쓰기 위해 노력한다.

A. 서울 마포구 서교동 327-9 T. 02.334.5919 Open. 11:00~24:00

03 카페 히비 '히비'다운 전시로 눈길을 끄는 갤러리 카페

카페에 어울릴만한 전시로 끊임없이 새로운 모습을 보여주는 곳, 〈카페 히비〉. 사람과 사람이 소통할 수 있는 카페로 꾸려가고 싶어 갤러리로 활용하게 되었다. 전시가 열리지 않았다면 휑하게 느껴졌을 하얀 벽에 작품이 걸리고, 초록 잎 달린 식물이 놓인 선반에 나란히 작품이 섞인다. 카페 안 구석구석을 전시 공간으로 활용한 감각이 돋보인다.

가정집 2층을 고쳐서 햇살이 많이 들어와 밝고 따뜻한 분위기. 벽을 마주 보고 있는 자리가 많고, 1인용 명당 좌석이 있어서 혼자 가기 좋은 카페다.

A. 서울 마포구 서교동 337-1 2층 T. 02.337.1029 Open. 11:00~23:00

04 카페 위 홍대 뒷골목의 작은 로스터리 카페

〈카페 위〉는 홍대 뒷골목, 외진 주택가에 숨은 아기자기한 카페다. 주변이 빌라 투성이라, '이런 데 정말 카페가 있을까?' 하는 의심을 품고 찾아가게 되는 곳. 규모는 작지만, 생두를 공수해 직접 볶아서 팔기도 하는 알찬 로스터리 카페. 불어로 위 Oui는 Yes!

〈카페 위〉에는 내 마음에 쏙 드는 빙수가 있다. 여름에만 파는 계절 메뉴, 커피 빙수. 얼음을 곱게 갈고, 아작아작 씹히는 초콜릿 칩과 오독오독 씹히는 견과류를 잔뜩 투척! 그 위에 아이스크림을 두둑하게 얹고 달콤한 초콜릿 시럽 약간, 쌉쌀한 카카오 가루를 솔솔 뿌려 덮었다. 여기에 진하게 우려낸 에스프레소를 끼워준다. 따뜻한 에스프레소를 빙수 위에 솔솔 부어주면 얼음이 사르르 녹아내리면서, 달콤 쌉싸름한 빙수가 된다.

A. 서울 마포구 서교동 329-1 T. 02.338.0407 Open. 11:00~23:00

05 **에티오피아** 사진작가가 연 사진 갤러리 카페

아프리카의 아름다운 자연과 자연을 거스르지 않고 사는 사람들을 카메라에 담는 여행사진가 신미식. 홍대 앞 카페 〈에티오피아〉는 효창공원 앞 아프리카를 테마로 한 사진 갤러리 카페 〈마다가스카르〉에 이은 2호점이다. 건대입구역에서 멀지 않은 곳에 3호점 〈out of Africa〉도 있다.

카페 이름은 모두 다르지만, 아프리카를 담았다는 점에서는 크게 다르지 않다. 닮은 듯 다른 공간이 저마다 다른 매력을 발산한다. 〈에티오피아〉의 운영은 1993년, 스위스 인터라켄에서 만나 수년째 인연을 맺고 있는 신미식 작가의 후배가 맡는다. 수익 일부는 아프리카의 도서관 설립, 우물 파주는 일을 돕기 위해 기부한다.

A. 서울 마포구 서교동 325-16 T. 02.3143.0205 Open. 10:00~01:00

06 **홀리데이 아파트먼트** 아기자기한 소품으로 가득찬 마켓 겸 카페

카페 앞 마당에 노란 폭스바겐 미니버스가 세워져 있어서 호기심이 발동한다. 이 버스의 애칭은 염둥이. 앞마당에서는 벼룩시장이 펼쳐지기도 하는데, 그속에서 숨겨진 보물을 발견하는 재미가 쏠쏠하다.

카페 안으로 들어가면 더 많은 잡동사니들이 기다리고 있다. 그릇, 액세서리, 엽서, 미니어쳐, 피규어, 가방, 연필, 우산, 옷까지. 일본에서 온 아기자기한 소품들로 가득하다. 남다른 눈썰미로 독특한 소품을 잔뜩 갖다놓은 신현경 대표는 책 '잡화 도쿄'의 저자기도 하다.

A. 서울 마포구 서교동 397-11 T. 02.338.4431 Open. 12:00~22:00

07 카페 꼼마 출판사 문학동네에서 운영하는 북카페

한쪽 벽의 1층과 2층을 과감하게 합쳐서 서가로 채웠다. 무려 15단이다. 서가 꼭대기까지 시선을 옮기면, 자연히 고개가 뒤로 젖혀진다. 너덧 번째 칸까지는 그럭저럭 무난하게 책을 꺼내 볼 수 있지만, 그 이상으로 올라가면 까치발을 들고 손을 힘껏 뻗어야 한다. 그 이상으로 올라가면 책을 꺼내는 게 하늘의 별 따기처럼 어렵게 느껴진다. 서가 앞에 바퀴가 달려 수평으로 움직이는 사다리가 놓여 있지만, 높은 곳에 있는 책을 굳이 꺼내서 보겠다고 사다리를 타고 올라가 책을 꺼내올 위인은 그리 많지 않을 것 같다. 카페 안 서가에는 총 4,000여 권의 책이 있다.

A. 서울 마포구 서교동 408-27 T. 02.323.8515 Open. 11:00~24:00

08 연남살롱 길고양이도 드나드는 동네 사랑방 같은 카페

〈연남살롱〉에서는 에스프레소 머신 대신, 이탈리아 가정집에 하나씩 두고 쓴다는 비알레띠사의 모카 포트로 에스프레소를 추출한다는 점이 독특하다. 카페 한쪽 편에는 서가에 책이 빼곡하게 꽂혀 있는데, 이 책들은 마을 주민을 위한 무료 도서관으로 운영된다. 마을 주민과 함께 지성과 교양을 나누겠다는 기특한 취지다. 게다가 대여료, 대여기간, 연체료가 없는 3無 정신을 통해 나눔을 실천하고 있다.

안은 사람을 위한 공간이고, 바깥은 고양이를 위한 공간으로 '야옹살롱'이 마련되어 있다. 고양이를 위한 아늑한 집과 필수 영양분 타우린이 첨가된 고양이 사료 한 그릇이 놓여있다. 키우는 고양이가 있는 것은 아니지만, 시시때때로 고양이가 오간다. 살롱 안에 쫀득한 꼬마곰 젤리와 고소한 월남 땅콩 한 그릇을 단돈 500원에 파는데, 이 돈을 차곡차곡 모아서 길고양이들이 배불리 먹을 사료를 사는 데 쓴다.

A. 서울 마포구 연남동 561-59 T. 070.4038.2991 Open. 11:00~23:00

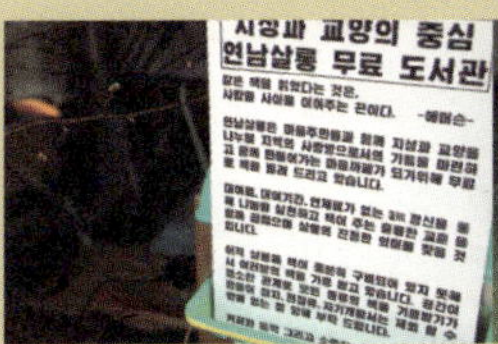

01 차 마시는 뜰 100년을 넘긴 고풍스러운 한옥에 터 잡은 찻집

입구에 들어서면 이름을 참 정직하게 지었다는 생각이 절로 든다. 'ㅁ' 자형 한옥이 병풍처럼 둘러 있고, 가운데 아담한 터에 뜰을 가꾸어 놓았다. 투명하게 비치는 통유리 너머로 차를 마시며 담소를 나누는 사람들이 보인다. 신발을 벗어놓고 안으로 올라서면 고풍스러운 한옥에 들어선다. 실내는 전통적이면서 정갈하다. 오래된 고가구, 벽면에 진열된 찻잔, 보자기 등의 전통 소품이 한국적인 멋을 한껏 뽐낸다.

한 잔으로 내어주는 차는 소박하고 깔끔하게 준비되고, 찻잎을 우려 마시는 차를 주문하면 아담한 크기의 1인용 다구 세트가 놓인다. 보온병에 담긴 팔팔 끓는 물을 찻주전자로 옮겨 차를 우려낸다. 찻잎에서 풍기는 은근한 향과 찻물의 수색을 즐기고, 천천히 음미하면서 마신다. 차 종류가 무려 500여 가지에 이른다.

A. 서울 종로구 삼청동 35-169 T. 02.722.7006 Open. 11:00~22:30

06 팔레트 갖가지 마카롱을 즐길 수 있는 카페

〈팔레트〉에서는 전통방식으로 구워내는 마카롱을 맛볼 수 있다. 일본의 유명 호텔 제과장 출신의 셰프가 마카롱을 만든다. 마카롱은 아몬드 가루, 밀가루, 달걀흰자 등으로 만드는 동그란 모양의 프랑스 과자.

겉은 바삭하고 속은 부드럽다. 녹차가루를 사용해 쌉싸름한 맛이 매력적인 그린티 마카롱, 초콜릿을 넣어 달콤하게 즐기는 초콜릿 마카롱, 부드러운 크림 속에 피스타치오를 넣어 고소하게 씹히는 피스타치오 마카롱. 전반적으로 달아서, 깔끔한 아메리카노 혹은 홍차와 마시면 기분 전환에 그만이다.

A. 서울 종로구 삼청동 39 T. 02.720.4697 Open. 10:00~23:00

07 카페 두루 개화기 때 지어진 목조 건물을 고쳐 만든 카페

콩 두荳, 안을 루縷를 합쳐 〈두루〉다. 겉은 개화기 때 지어진 짙은 나무색의 목조 건물인데, 속은 한옥을 닮았다. 1층은 카페로, 2층은 사무실 겸 창고로 쓴다. 자칫 휑할 수 있는 공간에 서가를 놓아 꽉 차고 알찬 느낌이 든다.

〈두루〉에는 독특한 메뉴가 있다. 핸드드립으로 내린 진한 커피 위에 생크림을 살포시 얹어 내는 카페 비엔나. 뜨거운 커피 위에 얹어진 생크림이 금방 녹아서, 가져옴 동시에 홀짝 한 모금 들이켜야 생크림의 단맛을 제대로 볼 수 있다. 속이 느끼해질 것 같다고? 풍부한 바디감의 짙은 커피를 베이스로 해서 생각보다 깔끔하다.

A. 서울 종로구 가회동 64-1 T. 02.744.7554 Open. 10:00~23:00

08 카페 공드리 영화 속 메뉴가 실제 메뉴판에 등장하는 카페

영화 '수면의 과학'에 등장했던 말이 들어간 간판, 영화 '카모메 식당'에 나왔던 주인아줌마가 그려진 그림, 잭 블랙과 모스 데프의 연기 앙상블이 매력적인 영화 '비카인드 리와인드'의 필름. 영화와 관련된 소품이 그득하다.

〈카페 공드리〉라는 이름도 프랑스 출신의 영화감독 미셸 공드리에서 따왔다. 공드리에는 한 가지 뜻이 더 있다. 우리말로 '공들이다'라는 의미도 담겼다. 언뜻 보면 평범해 보일 수 있는 교자, 카레에 시네마 푸드라는 별칭이 붙었다. 영화 '텐텐'의 대사 "역시 카레는 만든 다음 날이 제일 맛있어."를 모티프로 개발한 어제의 카레, 영화 '토일렛'에 나오는 교자. 이야기가 더해지면 새로운 맛이 느껴진다.

A. 서울 종로구 계동 140-23 T. 02.765.6358 Open. 11:00~24:00

01 카페 스프링 치즈 케이크, 핫 브라우니가 괜찮은 카페

홍대 앞 뒷골목도 삼청동 일대의 고즈넉한 동네길도 부쩍 부산해진 마당에, 꿋꿋하게 조용한 분위기를 유지하는 동네 통의동. 한적한 골목길에 자리잡은 〈카페 스프링〉은 가정집을 고쳐 만든 공간이라, 친구네 놀러 온 듯한 아늑함을 자아낸다.
카페에 적혀있는 문구를 보면, 괜스레 마음이 따뜻해 진다. 곧 봄이 올 것처럼. "아침에 조금 내린 비가 화창한 날을 예고합니다. 때론 어두운 구름이 끼지만 이내 사라집니다. 추운 겨울이 지나 눈 녹은 자리에 핀 노오란 민들레. 그렇게 봄이 오고, 비가 내립니다."
A. 서울 종로구 통의동 35-11 T. 02.725.9554 Open. 11:00~22:00

02 고희 브런치로 이름난 갤러리 카페

커피의 일본식 발음 〈고희〉. '큰 高 기쁨 喜을 드리는 곳'이라는 의미도 함께 담았다. 푸짐하게 나오는 브런치 메뉴로 입이 즐거운 기쁨을, 다양한 장르의 전시를 꾸준히 선보여 눈이 행복한 기쁨을 준다. 브런치는 물론, 케이크나 쿠키도 카페 안 주방에서 직접 만든다.
카페를 열고자 하는 사람들에게 컨설팅도 해준다. 〈고희〉에서 알려주는 운영 노하우에 각자의 개성을 더한다면 금상첨화! 넓고 탁 트인 공간, 효자동 특유의 차분함이 돋보이는 카페.
A. 서울 종로구 창성동 100 T. 02.734.4907 Open. 11:00~22:00

03 에 마미 살롱 드 떼 마리아쥬 프레르의 홍차와 티푸드를 내놓는 카페

지점이 여럿이지만 분위기와 콘셉트가 확연하게 다르다. 과자, 케이크 등을 뜻하는 불어 가또를 붙인 홍대의 가또 에 마미, 맛있는 요리를 더한 비스트로 에 마미 등 저마다 다른 멋을 가졌다. 나는 서양풍의 객실이나 응접실을 말하는 살롱이 붙은 효자동의 〈에 마미 살롱 드 떼〉가 가장 마음에 든다.

프랑스의 홍차 브랜드 마리아쥬 프레르 홍차와 이에 어울리는 다양한 티푸드를 내놓는다. 나가사키 전통 방식을 고수하며 구워내는 카스텔라가 인기. 작은 컵케이크 위에 프렌치 크림을 얹은 꽃 케이크, 가또 플레르도 맛있다. 보통 애프터눈 티는 예약 주문해야 맛볼 수 있는데, 여기서는 사전 예약을 하지 않아도 된다.

A. 서울 종로구 통의동 108 T. 070.4115.7594 Open. 12:00~22:00

04 마르코의 다락방 가수 브라운 아이즈의 윤건 씨가 운영하는 밥이 맛있는 카페

점심시간에는 차를 마시러 온 사람보다 밥을 먹으러 온 사람이 더 많다. 초밥에 들어가는 식초인 스시스로 밑간한 밥을 증기로 한 번 더 쪄내는 일본 가정식 찜 밥, 맛있다. 새콤달콤한 밥 위에 얇게 저며 데리야끼 소스에 졸인 닭고기나 소금을 뿌려 구운 연어, 살짝 익힌 안심 등을 얹어 낸다. 청와대와 가까운 골목 구석, 주택을 개조한 건물 1층에 있다. 효자동 초행길이라면 찾기도 쉽지 않을뿐더러, 신속이란 단어는 잊고 사는 듯 천천히 밥을 내오기 때문에 이곳을 찾을 때 시간적 여유는 필수.

A. 서울 종로구 효자동 104-1 T. 02.735.4622 Open. 12:00~23:00

01 **르퓨어 카페** 좋은 재료로 만드는 신선한 디저트 카페

카페 〈오시정〉에서 오픈한 디저트 카페다. '섞이지 않은, 맑은, 순수한'을 의미하는 '르퓨어'란 이름에 걸맞게 첨가물이 들어가지 않은 음료와 디저트를 지향한다. 물 없이 100% 과일과 채소만을 넣어 만든 주스, 화이트 와인과 상큼한 과일로 맛을 낸 떠먹는 젤리 '쥬레' 등 과일과 채소를 넣은 디저트가 주요 메뉴.
신선한 달걀흰자로 거품을 내서 만든 프랑스 전통 디저트 수플레도 인기다. 시간이 지나면 부풀었던 것이 폭삭 가라앉아서, 그때그때 만들어 낸다. 주문하면 약 20~30분 후에 맛볼 수 있다. 접시에 함께 얹혀 나오는 갖가지 소품들이 몹시 깜찍하다.
A. 서울 강남구 신사동 534-8 T. 02.545.4508 Open. 11:30~23:00

02 **도쿄 팡야** 일본 스타일의 빵을 내놓는 베이커리 카페

일본의 유명한 베이커리 〈안젤리카〉에서 경력을 쌓은 일본인이 수장이다. 일본 스타일의 생소한 빵들이 보인다. 진한 카레가 잔뜩 들어가 따끈하게 데워먹을 때 더 맛있는 카레 빵, 일본 된장인 미소를 반죽에 넣고 미소 버터를 발라 구운 미소 빵, 빵 반죽 위에 비스킷 반죽을 얹어 굽는 멜론 빵 등 한국에서는 좀처럼 볼 수 없는 독특한 빵을 선보인다. 참고로, 멜론 빵 속에는 멜론이 없다. 겉이 멜론 껍질과 닮아서 멜론 빵이라 부른다고.
〈도쿄 팡야〉는 지점이 여럿이다. 신사동 가로수길 점은 카페와 베이커리를 함께 운영하지만, 장소가 협소해서 여유롭게 시간을 보내기에는 적절하지 않다. 테이크 아웃 권장.
A. 강남구 신사동 543-8 T. 02.547.7790 Open. 11:30~23:00

03 에이미 초코 손으로 빚은 달콤한 초콜릿, 수제 초콜릿 카페

신사동 골목에 자리 잡은 카페 〈에이미 초코〉는 복층 구조다. 1층은 옆 사람의 이야기를 엿들을 수 있을 만큼 다닥다닥 붙은 테이블이 빼곡하게 들어차 있고, 2층에는 초콜릿 공방이 차려져 있다. 그곳에서 직접 초콜릿을 만든다. 찰리와 초콜릿 공장에서 보았던 초콜릿 찍어내는 기계 같은 건 없다. 간단한 도구를 이용해 각양각색의 초콜릿을 일일이 손으로 빚어낸다.

초콜릿 카페 〈에이미 초코〉에서는 정성이 느껴지는 감미로운 맛의 수제 초콜릿 뿐 아니라, 다양한 초콜릿 음료도 내놓는다. 우유와 에스프레소, 초콜릿으로 맛을 낸 '초코 에스프레소', 생강과 초코의 만남 '진저 초코', 건강을 생각하는 '검은콩 화이트 초코', 민트와 초코의 오묘한 조화 '민트 초코' 등 색다른 초콜릿 음료를 맛볼 수 있다.

A. 서울 강남구 신사동 512-8 T. 02.733.5509 Open. 11:00~23:00

04 마망갸또 캐러멜로 만든 디저트로 달콤한 향 폴폴 풍기는 카페

달콤한 캐러멜 향이 가득한 카페, 〈마망갸또〉. 르 꼬르동 블루 출신의 피윤정 셰프가 운영하는 베이킹 스쿨 겸 디저트 카페다. 마망갸또는 엄마가 만들어주는 과자라는 의미. 생 캐러멜과 이것을 응용해서 만든 캐러멜 디저트를, 엄마가 만들어주는 간식처럼 정성 다해 만든다. 너도나도 찾는 메뉴는 생 캐라멜 크림으로 속을 꽉 채운 캐러멜 롤 케이크.

카페베네 광고에서 한예슬이 최다니엘에게 '달콤한 와플에는 아메리카노!'를 권했던 것처럼, '달콤한 캐러멜 롤 케이크에도 아메리카노!'가 제격이다. 물론 심각하게 단 음식은 마다하고 보는, 내 입맛 기준이다.

A. 서울 강남구 신사동 532--4 마사빌딩 2층 T. 02.704.3937 Open. 10:00~22:00

01 클럽 에스프레소 커피 상점 겸 카페

〈클럽 에스프레소〉는 마은식 대표가 1990년에 창업한 카페다. 대학로 동숭동에서 젊은 나이에 시작, 2001년에 한적한 부암동의 별장 같은 건물로 자리를 옮겨 터를 닦았다. 빨간 벽돌로 지어진 건물은 부암동의 랜드마크로 손색이 없다.

1층은 카페와 숍으로 운영한다. 커피를 팔고, 각종 커피 용품을 진열했다. 2층에서는 커피를 볶는다. 콜롬비아, 코스타리카, 터키, 브라질, 예멘, 에티오피아, 인도네시아 등 세계 35개국의 커피를 맛볼 수 있다. 로스팅한 원두는 100g 단위로 판매, 종류에 따라 가격은 제각각이다.

A. 서울 종로구 부암동 257-1 T. 02.764.8719 Open. 10:00~23:00

02 플랫 274 일러스트레이터, 그래픽 디자이너가 함께 오픈한 카페

〈플랫 274〉는 전시, 공연, 워크숍이나 소규모 파티 등 다채로운 문화 행사가 열리는 복합 문화예술공간이다. 데뷔 무대가 없어서 혼자 작업만 했던 사람, 전시할 용기가 없어서 고민만 하던 사람들에게 색다른 전시 공간이 되어준다.

카페 내에는 아트숍이 있다. '부암 274 단지'라고 이름 붙인 이 공간은, 카페 한쪽에 새하얀 책꽂이를 활용했다. 칸별로 매달 임대료 2만 원, 3만 원, 4만 원에 분양한다. 가로 30cm, 세로 40cm의 아담한 공간을 임대해서 활용할 수 있다. 전시하고 물건을 파는 등 기간 내에는 이 칸 안에서 무엇을 하든 마음대로!

A. 서울 종로구 부암동 274-1 2층 T. 02.379.2741 Open. 11:00~23:00

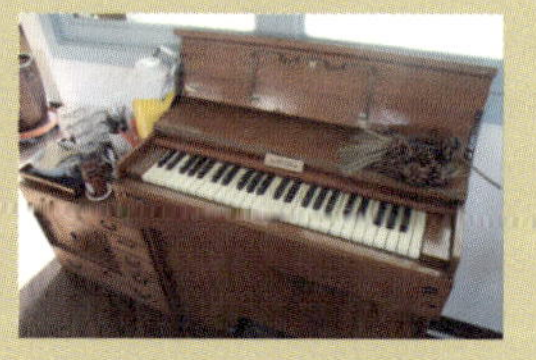

03 드롭 오가닉 커피 오가닉 커피만 사용하는 카페

부암동에서도 유난히 한적한 길목에 있다. 올바른 환경에서 올바르게 재배된 유기농 커피콩만 쓴다. 메뉴판에는 리필이라는 말 대신 '다른 커피 맛보기'라고 적혀 있다. 1,000원만 더 내면, 다른 원두로 내린 커피를 한 잔 더 준다. 최대 3가지의 원두를 선택해서 마시는 나만의 커피도 있다. 흰색 조로 꾸며진 실내가 깔끔하다. 맑고 깨끗한 느낌이랄까. 커피를 주문하면 오픈된 바에서 커피를 추출해 준다. 협소한 공간인데, 한쪽 면에 거울을 달아 널찍해 보이는 효과를 누리고 있다.

A. 서울 종로구 부암동 278-5 T. 02.394.0045 Open. 11:00~24:00

04 카페 스탐티쉬 앤 까레닌 핸드메이드 라이프를 꿈꾸는 사람을 위한 패브릭 카페

〈카페 스탐티쉬 앤 까레닌〉은 공예가인 박민정 씨가 연 패브릭 공방 겸 카페다. 독일어로 '단골을 위한 지정된 좌석' 혹은 '주기적으로 만나는 모임'을 의미한다. 한편에 차곡차곡 접힌 원단과 천 조각들이 산더미처럼 널린 테이블을 보면 공방에 가깝고, 너덧 명의 아낙이 둘러앉아 소박한 담소를 나눠가며 바느질하는 모습을 보면 카페에 가깝다.

이곳은 환경을 생각하는 에코 카페로도 널리 알려졌다. 빈 초콜릿 통을 버리지 않고 구멍을 뚫어 화분으로 사용하고, 자투리 천을 둥글게 잘라 꿰어서 감각적인 실내장식 소품으로 활용했다.

A. 서울 종로구 부암동 258-5 T. 02.391.8633 Open. 11:00~23:00

01 타르틴 미국식으로 구운 파이가 맛깔스러운 카페

파이 전문점 〈타르틴〉. 상큼한 체리파이, 달콤한 초콜릿파이, 고소한 피칸파이 등을 미국 전통 레시피에 따라 굽는다. 손으로 직접 반죽해서 바삭하고 부드럽게 구워낸 파이를 보면 군침이 돈다. 파이 위에 바닐라 아이스크림을 얹어 달콤함을 더해도 좋다.

찾는 길은 어렵지 않다. 이태원역에서 멀지 않은 골목에 있다. 빨간 간판에는 카리스마 넘치는 외국인 여성이 그려져 있는데, 이는 모델이었던 셰프 가레트 씨의 어머니라고. 협소했던 공간을 넓혔다. 바로 맞은편 건물에서도 〈타르틴〉을 만날 수 있다.

A. 서울 용산구 이태원동 119-15 T. 02.3785.3400 Open. 10:00~22:30

02 로마 꽃과 커피가 어우러진 플라워 카페

향기로운 꽃 향과 커피 향이 솔솔 풍기는 곳, 플라워 카페 〈로마〉. 이태원의 뒷골목, 아담한 건물의 계단을 올라 2층 문을 열면 싱그러운 풍경이 펼쳐진다. 초록 식물이 자라는 실한 화분이 놓여 있고, 꽃들이 산뜻하게 피어 있다.

로맨틱한 사랑 고백이나 청혼, 생일 파티나 소모임 등을 위한 공간 대여도 한다. 원한다면, 꽃을 활용해 콘셉트에 맞는 데코레이션도 해준다. 인테리어를 겸해 놓인 화분은 팔기도 한다. 꽃이나 부케도 주문 가능하다.

A. 서울 용산구 이태원동 34-28 T. 02.796.9540 Open. 09:00~21:00

03 컵앤볼 신선한 재료로 정성 담아 만든 수프를 내놓는 카페

신선한 채소를 선별해서 오랜 시간 끓여내는 수프와 직접 굽는 빵으로 만든 샌드위치가 주력 품목. 토마토, 베이컨, 양파, 파프리카 등을 넣은 프로방스 베지터블 수프는 이곳만의 특별한 메뉴. 양송이, 양파, 크림을 넣은 머쉬룸 수프는 누구나 무난하게 선택할 수 있는 메뉴다.
심플하지만, 식사나 간식으로 충분한 영양을 섭취할 수 있는 수프! 〈컵앤볼〉에서는 수프를 만들기 위해 2시간 이상의 요리 과정을 거친다. 하드롤 빵을 추가하면, 둥근 빵 속을 파내고 그 안에 수프를 담아서 준다. 겉은 바삭하고 속은 보들보들한 빵을 든든하게 먹을 수 있다.
A. 서울 용산구 이태원동 57-16 T. 070.4190.3642 Open. 09:00~22:00

04 이샘컵케이크 질 좋은 재료를 팍팍 넣어 만든 컵케이크 카페

카페 이름치고는 약간 긴 감이 있었던 〈Life is just a cup of cake〉에서, 대표의 이름을 내세운 〈이샘컵케이크〉로 이름을 바꿨다. 이샘 대표는 〈컵케이크 달콤한 내 인생〉의 저자다. 행복한 삶을 가꾸기 위해 광고대행사 제일기획을 박차고 나와 컵케이크 전문 베이커리에 도전한 그녀의 일상을 담은 에세이다.
녹차, 레몬 머랭, 얼 그레이, 라즈베리 등 갖가지 재료로 만든 빛고운 컵케이크가 이곳의 대표 메뉴. 유기농 밀가루와 질 좋은 초콜릿, 녹차 가루 등 좋은 것만 골라 넣었다는 예쁜 컵케이크를 만들고 있다.
A. 서울 용산구 한남2동 738-16 T. 02.794.2908 Open. 11:00~21:00

01 **아름다운 차 박물관** 100여 가지가 넘는 차를 갖춘 찻집

'ㅁ'자 한옥을 고쳐서 만들었다. 천장에서 볕이 흠뻑 들어와 아늑하다. 한국은 물론 일본, 중국, 대만, 스리랑카, 인도 등 전 세계에서 들여온 갖가지 차를 보유하고 있다. 녹차, 청차, 흑차, 홍차, 허브차 등 다양한 차를 취향껏 골라 마실 수 있다.

테이블마다 전기 포트가 놓여 있다. 물을 팔팔 끓여서 직접 차를 우려 마시면 되는데, 차를 우리는 데 익숙하지 않은 손님에게는 차 우리는 방법을 일러주기도 한다. 차, 차 살림 등을 테마로 기획 전시를 열어 다채로운 차 문화를 엿볼 수 있다. 삼청동에 2호점인 〈티스토리〉를 운영한다.

A. 서울 종로구 인사동 193-1 T. 02.735.6678 Open. 10:30~22:00

03 **뜰 안** 한옥의 정취를 느낄 수 있는 고즈넉한 찻집

한일 합작영화 〈카페 서울〉의 주 무대가 되었던 '모란당'. 그곳의 실제는 인사동의 찻집 〈뜰 안〉이다. 일본에서 나온 서울여행 안내책자에 이곳이 소개되어, 일본인 관광객 사이에서는 이미 널리 알려진 관광 코스.

북적거리는 인사동에서 벗어나 익선동에 있어서 한산하다. 푹신한 방석이 깔린 온돌방에 궁둥이를 붙이고 앉아서 두런두런 이야기 나누기 알맞은 찻집. 겨울에는 직접 쑨 팥으로 만든 단팥죽이, 여름에는 유자, 녹차 등의 재료를 넣어 만든 빙수가 인기다.

A. 서울 종로구 익선동 166-76 T. 02.745.7420 Open. 11:00~21:00

04 차라리 제대로 된 보이차를 내놓는 찻집

보이차 전문점이다. 평범한 건물 안으로 들어가면 뜻밖의 풍경이 펼쳐진다. 실내장식이 독특하다. 한옥을 옮겨놓은 듯 좌식 공간으로 구성했다. 자리마다 물을 끓일 수 있는 포트가 있고, 물 버릴 때 쓰는 퇴수기도 갖추었다. 테이블은 모두 5개. 차를 즐기는 사람들을 위해, 쾌적하게 꾸미려 노력한 흔적이 보인다.

운남에 살고, 보이차에 관련된 일을 해왔던 한국인과 중국인이 모여 설립한 '운남 보이차 연구소'에서 생산하는 차를 내놓는다. 정확한 제조연도, 정직한 가격, 정통 보이차 맛을 전하는 데 힘쓰고 있다.

A. 서울 종로구 관훈동 146-1 2층 T. 02.723.6869 Open. 11:00~11:00

06 지대방 1982년에 문 연 오래된 찻집

1982년에 문을 열었다. 30여 년 동안 한 자리를 지키면서 주인이 여러 번 바뀌었지만, 차를 아끼고 좋아하는 사람들이 〈지대방〉을 이끌어 지금에 이르고 있다.

이종국 대표는 정성 담아 직접 만든 차를 내놓는다. 차를 만들 때 바르고 정직한 마음으로 만들어야 맛있는 차를 만들 수 있다는 게 그의 지론. 오래된 건물을 꾸준히 보수하며 유지하고 있다. 추억이 서린 예스러운 분위기를 이어가기 위해 보수도 늘 조심스럽다. 한 자리에 오랫동안 있다 보니, 수십 년 된 단골이 수두룩.

A. 서울 종로구 관훈동 196-6 2층 T. 02.738.5379 Open. 10:00~24:00

이 책은 어떻게 나왔을까?

100 CONTEMPORARY ARCHITECTS
100 CONTEMPORARY ARCHITECTS
THE COSTUME HISTORY
China
EARLY TRAVEL PHOTOGRAPHY
1001 BUILDINGS
501 GREAT ARTISTS
1001 DAYS
1001 FOODS
1001 HISTORIC SITES
1001 NATURAL WONDERS
1001 INVENTIONS
Molinari
©WEDIF.com

CAFE INFO

전화번호 | 02.3673.4115 주소 | 서울시 종로구 동숭동 1-81번지 영업시간 | 11:30～02:00

서점에 가지런히 누워있는 책을 들추다 보면, 문득 궁금해질 때가 있다. 이 책은 어떤 계기로 세상의 빛을 보게 되었을까? 하는 의문. 나 말고도 누군가가 품어봄 직한 궁금증이다. 〈그 카페에 가다〉가 어떻게 태어났는지, 혹시 궁금해하는 사람이 있을지도 모른다는 생각이 들어 친절하게 몇 자 끼적여볼까 한다.

이 책의 시작은 블로그 연재였다. 오래전부터 카페에 드나들기를 밥 먹듯이 하던 나는, 혼자만 알고 있기 아까운 카페를 골라 〈카페는 문화다〉라는 타이틀로 꾸준히 포스팅했다. 그러던 어느 날, 조금 특별한 기회가 찾아왔다. 교보문고 유지영 기자에게 메일을 받았다. 교보문고 북뉴스에 연재해 보지 않겠느냐는 제안이었는데, 더 많은 독자에게 내 글을 소개하는 것으로 마다할 이유가 없었다. 교보문고가 첫 직장이라, 교보문고에 남다른 애착이 있기도 했다. 흔쾌히 연재를 시작했다.

두 번째 연재를 마친 시점에 메일 하나가 도착했다. 보낸 사람은 출판사 마로니에북스의 어여쁜 편집자 이선주 씨. 내 블로그가 그녀의 눈에 띄었다. 마로니에북스는 정보문화사의 자회사로, 미술 서적을 주로 출판하는 곳이다. 여행이나 요리, 취미 등의 실용서도 여기 마로니에북스의 이름을 달고 나온다. 메일에 첨부된 제안서를 꼼꼼히 읽어보고, 일단 이선주 씨를 만나보기로 했다.

우리가 처음 만난 곳은 대학로의 북카페, 〈타센〉이었다. 타센은 고전 명화부터 사진, 건축, 영화, 디자인 등 시각 예술을 다룬 책을 출간하는 독일의 예술 서적 전문 출판사다. 대학로의 북카페 타센은 독일의 출판사 타센과 직접 라이선스 계약을 맺어 운영하고 있다. 한쪽 벽면에는 갤러리처럼 미술 작품이 걸려있고, 서가는 두툼한 예술서로 가득한데 원하면 누구든지 꺼내 읽어볼 수 있다. 시중에서 쉽게 접할 없는 예술서를 마음껏 볼 수 있다는 게 이 카

페의 최대 장점! 20세기에 출간한 책 중에서 가장 크고 비싼 책 헬무트 뉴턴의 〈Helmut Newton's SUMO〉, 세계적인 건축가 안도 다다오의 건축 사진집, 국내에 번역되어 독자에게 큰 사랑을 받은 1001가지 시리즈 원서도 타셴에서 볼 수 있다.

　간혹 묵직한 외관 때문에 비쌀 거라고 지레짐작하고 들어가기를 포기하는 사람도 있는데, 일반 커피 전문점과 가격 면에서는 별 차이가 없다. 점심시간의 런치 메뉴는 커피와 샐러드, 샌드위치를 포함해 1만 원을 넘기지 않는 착한 가격이다.

　창가쪽 자리, 널찍한 테이블에 편집자 이선주 씨와 마주 앉았다. 커피와 타셴표 실한 샌드위치가 놓인 테이블 사이로, 많은 이야기가 오갔다. 이날 도란도란 나눴던 이야기 속에서 이 책이 나왔다. 과연 내가 할 수 있을까, 해도 되는 걸까. 고민이 이만저만 아니었는데, 용기를 냈다. 어디서부터 어떻게 해야 할까. 막막함에 내가 미쳤지, 하면서 머리카락을 쥐어뜯는 날도 있었지만 어쨌든! 한 줄씩 써내려가기 시작한 원고는 무사히 마감을 했다. 우여곡절 끝에, 나의 첫 책을 당신에게 보여줄 수 있게 되어 참 기쁘다.

Art
Book Cafe
타셴
Sandwich • Coffee • Wine
CLASSIC
1812
Coffee • Cake • Wine

맺는 글

이 책을 마무리할 때쯤 제주도에 다녀왔습니다. 제주도에 커피 파는 트럭이 많다는 이야기를 듣고, 해안도로 일대를 둘러볼 계획이었지요. 하지만 날씨가 그리 호락호락하지 않았습니다. 하필 그때, 눈이 앞을 가리도록 많이 내려서 '커피 트럭'에 가겠다는 야무진 꿈은 산산이 조각나버리고 말았어요. 대신 올레길을 따라 걷는 길을 택했습니다. 그러다가 한적한 바닷가의 카페를 발견했지요.

카페 안에는 각양각색의 사람들이 머물고 있었습니다. 오순도순 행복해 보이는 단란한 가족, 두 손을 맞잡은 러블리 모드의 다정한 연인, 그리고 게스트 하우스에서 만난 사람들이 모여 이야기꽃을 피우고 있었어요. 여전히 창밖에는 눈발이 날리고 있었지만, 카페 안은 온기로 가득해 포근했답니다. 이제 카페는 우리들의 일상이 되었구나, 싶었습니다.

·

저는 카페를 좋아합니다. 지나가다가 우연히 카페에 들르기도 하고, 카페를 목적지 삼아 일부러 외출하기도 해요. 카페를 찾아다니고 카페에 머무는 시간을 즐기는, 카페홀릭이지요. 그곳에 묻어있는 이야기가 참 좋습니다.

카페에는 한 사람의 삶이 온전히 담겨 있기도 하고 개인의 취향과 소신, 소소한 일상들이 고스란히 배어 있어요. 카페에 담긴 이야기를 전해 듣고 있노라면, 따듯한 차 한 잔이 아니어도 속이 따듯해집니다. 갈증 났던 마음이 촉촉하게 적셔지지요. 삭막해 보이는 잿빛 건물 안에 있지만, 푸른 잔디 깔린 공원처럼 그렇게 아늑할 수 없습니다. 잔디밭에 드러눕듯 발라당 누울 수는 없어도, 그에 버금가는 여유를 누리며 쉬어갈 수 있는 공간. 그런 카페를 사랑하지 않을 수 없습니다.

•

책을 만들면서 좋은 사람을 많이 만났어요. 저마다 다른 사연을 품은 카페를 다니면서, 한동안 미소 띤 얼굴로 지냈습니다. 사람을 만나고 취재하고 글을 쓰는 것. 때로는 버겁고 고달팠지만, 세 가지 모두 흥미로워하는 일이라 행복했습니다. 책을 만드는 데, 귀한 시간 내어주신 분들께 마음 다해 감사합니다. 이 책을 시작할 수 있게 길을 터준 지영 언니, 아낌없이 조언해주고 다정하게 토닥여준 출판사 마로니에북스의 이선주 에디터. 참 고맙습니다. 함께 작업하면서 정말 즐거웠어요.

이 책에 관심가져 주신 모든 분과 지금 이 글을 읽고 있는 당신에게 고마움을 전하고 싶습니다. 카페에서 제가 느꼈던 따뜻함이, 당신에게도 전해지기를 바라봅니다.